科学家带我去探索丛书

与鸳鸯为邻

YU YUANYANG WEILIN

——鸟类学家带我去探索

李莹 著

人民教育出版社
·北京·

图书在版编目（CIP）数据

与鸳鸯为邻：鸟类学家带我去探索 / 李莹著.—北京：人民教育出版社，2018.1（2021.6重印）
（科学家带我去探索丛书）
ISBN 978-7-107-31967-9

Ⅰ.①与… Ⅱ.①李… Ⅲ.①鸟类—青少年读物 Ⅳ.①Q959.7-49

中国版本图书馆CIP数据核字(2018)第025214号

与鸳鸯为邻：鸟类学家带我去探索
李莹　著

出版发行　人民教育出版社
（北京市海淀区中关村南大街 17 号院 1 号楼　邮编：100081）
网　　址　http://www.pep.com.cn
经　　销　全国新华书店
印　　刷　天津市银博印刷集团有限公司
版　　次　2018 年 1 月第 1 版
印　　次　2021 年 6 月第 2 次印刷
开　　本　787 毫米 ×1 092 毫米　1/16
印　　张　11.75
字　　数　175千字
定　　价　39.00 元
审 图 号　GS（2017）1951 号

丛书顾问：牛灵江　韦志榕　杨　刚　金玉俊
丛书主编：黄海旺
执行主编：吴秀山　张军霞
作　　者：李　莹
摄影作者：吴秀山　李　颖　蔡　益
责任编辑：张军霞
美术编辑：王　喆　王　艾
封面设计：王　艾
插图绘制：北京心合文化有限公司
天域北斗数码测绘科技有限公司

特约审稿　赵欣如

序言

《全民科学素质行动计划纲要(2006—2010—2020年)》展现了我国提高全民科学素质的宏伟蓝图和坚强决心。纲要中指出，公民的基本科学素质包括："了解必要的科学技术知识，掌握基本的科学方法，树立科学思想，崇尚科学精神，并具有一定的应用它们处理实际问题、参与公共事务的能力。"《科学家带我去探索丛书》涉及生命科学、物质科学、地球与空间科学三大科学领域的内容。在这套丛书中，每一册书有一个具体的研究主题，叙述了一位或一组在某一科学研究领域内有成就的科学家围绕研究任务展开的科学考察或科学研究活动，揭示了一个科学问题的真实探究过程。书中以事件发生的先后顺序为线索，依次介绍科学考察或科学研究活动的科学设想、前期准备、考察或研究过程、分析方法、研究成果等，使读者了解科学研究选题是如何提出的、科学家怎样做准备、在考察或研究中如何做记录、怎样分析资料形成研究成果。

本丛书首次全部从中国现代科学家中取材，特别是选择一批有成就的中青年科学家，使读者能够看到我们身边的、活生生的科学家与科学团队。本套丛书一方面使读者能够理解，在现代中国，科学研究是一个通过努力人人都可以从事的职业；同时，也向公众展现了积极进取、勇于奉献、以苦为乐的现代中国科学家形象。读者从中认识到科学并不神秘，科学探究是每个人都可以做的，从而使读者理解科学的本质。

在每本书中虚拟了两名学生，从学生的视角展开叙述，让读者从一个特定的视角去观察、体验。比如，书中的这些学生通过参加科学夏令营活动，对一位科学家或一个科学工作小组的研究工作产生了浓厚的兴趣，之后跟随科学家进行科学探究活动。在探究过程中不断产生疑问并努力解决问题，遇到困难并勇敢地战胜困难。这样，使科学考察或研究方法、科学知识更加通俗易懂。

书中呈现大量真实而有价值的照片和图解说明，其中包含丰富的信息，如科学研究方法、科学仪器的使用、拓展的科学知识等等，也使读者既如临其境，又便于理解。每册书最后有科学家寄语。科学家或研究小组借助寄语表达他们对青少年读者的期望与鼓励。

本套丛书可以配合学校科学课程，成为科学教学中有极大参考价值的课程资源。这一特点体现为：

●丛书的内容选自三个科学领域，这与我国现行的科学课程标准相对应；

●丛书以科学家进行探究的过程为线索，具有探究性，符合现行科学课程标准强调的探究式学习理念；

●丛书展现了科学研究是一项需要与人合作、需要多方支持的事业。有利于学生理解现行科学课程标准中所倡导的合作学习的理念。

相信青少年读者通过阅读本套丛书，能够受到科学的熏陶，产生对科学研究的兴趣，甚至产生从事科学研究的美好理想。

中国科协科普资源共建共享办公室主任
中国青少年科技辅导员协会常务副理事长 牛灵江

目录

人物介绍

赵欣如

北京师范大学教授，中国鸟类学会观鸟专业委员会委员。创办了中国观鸟网，经常组织国内爱好者进行观鸟活动，与国际相关组织进行信息交流。他的努力推动了中国鸟类学研究的发展，促进了中国境内和亚洲地区鸟类及其栖息地的保护工作。

吴秀山

北京动物园高级兽医师，鸟类摄影师，长期从事动物保护及种群繁育工作，为我国动物园中众多珍稀物种的繁殖和保护作出了贡献。

鸳鸯别动队

吴忧、庄壮壮、辛梓、兰兰四个性格迥异但兴趣相投的小伙伴组成了鸳鸯别动队，他们一起参与了北京市城区和郊区野生鸳鸯调查项目。看，鸳鸯别动队在召唤我们了，让我们跟随他们一起去考察鸳鸯吧。

雄鸳鸯小圆圆

我是一只漂亮的雄鸳鸯，一年四季生活在北京动物园，北京动物园就是我的家。很惭愧，从鸳鸯别动队的小朋友那里我才知道，原来鸳鸯是候鸟，很多同类每年都会在南北方之间迁徙。我是一个热血男儿，怎能总是躲在安乐窝里，我也要跟着那些勇敢的同类一起迁徙，去开辟新的家园！

引　子

2004年入秋后的一天，电视上播出了这样一条新闻：北京怀柔的黄花城水库聚集了成百只鸳鸯，鸟影秋色相映成趣。

对于这则报道，大多数观众并未留下太深的印象，充其量认为是生态环境改善的一个良好结果。但这看似平常的报道却引起了一些鸟类爱好者的极大兴趣：这可是北京地区有史以来记录到的鸳鸯数目最多的一次啊！

在随后的几年间，因这则报道而兴奋起来的北京观鸟人定期来到京郊寻访鸳鸯的踪迹，并在2006年正式启动了《北京野生鸳鸯的调查与保护》项目。越来越多的鸟类爱好者加入到北京地区野生鸳鸯调查的队伍中，使人们更加真切地了解了鸳鸯的生活与环境变化之间的关系……

作为水鸟的鸳鸯总能将那种天与水的震撼传递给我们。

1 邂逅北京的鸳鸯

“当当当、当当当……”厨房里传来菜刀与砧板合作的乐声，欢快而激昂得像敲起的鼓点；随后便是一阵紧锣密鼓的锅铲与锅的奏鸣曲，穿插着几处轻快的流水声。一曲终了一切归于平静时，浓郁的酱香已经蔓延到了房间的各个角落。

“爸爸，今天吃炸酱面啊！哇，好香！”四年级的小男孩吴忧像一只小兔子般从书房蹿了出来，倚在门框边两眼放光地盯着那盆刚刚炸好的黄酱，右手上还握着来不及放下的钢笔。

爸爸吴秀山摆好餐具，对吴忧说：“妈妈晚上加班。咱们先吃，吃完去北师大听周三讲堂。今天是赵欣如老师讲观鸟。”

“爸爸，是您常说的那位观鸟大师吗？”吴忧兴奋地问道。

“是啊。你作业做完了吗？”爸爸问。

“马上，还有一道题！”吴忧转身蹿回书桌旁，奋笔疾书写完最后一道语文题，像剿灭最后一个敌人一样奋勇。

“那我先吃喽！最后吃完的收拾桌子和洗碗啊！”爸爸顽皮地端起饭碗大吃起来。书房里传来吴忧抗议的喊叫声……

1.1 小小的心中有一个大大的梦想

早春三月，北京的傍晚，暖暖的风轻拂过脸庞，似母亲温柔的双手带着百花的芬芳。在北京师范大学的校园里，有学子勤奋的身影穿梭其间，也有悠闲的老者在晚风中散步，还有天真的孩童在愉快地玩耍。吴忧和爸爸站在北师大主楼下的广场上，夕阳在他们身上洒下一层薄薄的余晖。

“爸爸，上北师大就能学习怎么保护野生动物吗？”吴忧抬头问。

“北师大确实培养出许多杰出的动物学家，他们为保护野生动物做了很多重要的工作。你如果想成为一名动物学家，上北师大当然可以。不过保护野生动物的愿望，无论做什么行业都是可以实现的。”爸爸语重心长地说。

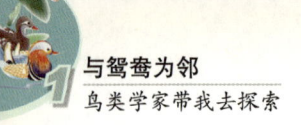

“噢，我明白了。”吴忧听完点点头，“我们每一个人都可以保护野生动物，不一定非得要成为科学家才能做到。对吗，爸爸？”

“是的，儿子。”吴秀山看着儿子稚嫩的脸庞上洋溢出来的喜悦之情，就仿佛看到一个承载着梦想的种子在儿子心中生根发芽，茁壮长大。

吴忧的爸爸吴秀山在北京动物园工作，是一位经验丰富的野生动物医生。他为动物园里饲养的野生动物治病，并保障动物们的身体健康。同时，吴秀山还是一位博学的鸟类学家和资深的野生动物摄影师，曾深入可可西里荒凉的无人区，到过西藏林芝的深山密林，跨过雅鲁藏布江的急流险滩，记录、保护当地珍稀的野生动物。受到爸爸的影响，吴忧从小就对野生动物充满了兴趣，尤其爱听爸爸给他讲在野外探险的经历。班级里成立了生物兴趣小组，吴忧自然就成为了小组中的骨干成员。他的梦想就是有一天也能追随爸爸的脚步，去探索大自然的奥秘。

1.2 与观鸟大师零距离

时间刚过晚上六点，北师大四号楼的305教室座无虚席，这些热爱观鸟的人们来自各行各业。在中国观鸟会的组织下，每周三的晚上六点半，都会在305教室举办一次面向公众的动物科普讲座，久而久之便形成了“周三讲堂”。

“秀山，你们好啊！”吴忧和爸爸一进教室，一位和蔼可亲的长者就笑着走下讲台向他们走来。

“赵老师，您好！我带儿子一起来听讲。”吴秀山笑着迎上前，“他一听今天是您讲观鸟，就兴奋得要来呢！”

“赵老师，您好，我是吴忧。我是我爸爸的儿子！见到您真人，我、我太高兴啦！”吴忧按捺不住此时激动的心情。“爸爸给我讲了好多您的故事。您真的光听鸟叫声就能分辨出各种鸟，听懂它们的意思吗？”

“你好啊，小伙子！”赵老师爽朗地笑了起来。“这些其实并不难，只要你肯用心，你也能做到。”

“我也可以做到？”吴忧眨了眨疑惑的眼睛问。

赵老师点了点头说：“今天我就要给大家讲讲观鸟。你听后就会发现，很多零基础的人，通过用心学习和不断交流，现在都成了观鸟达人。而且你有你父亲这么好的老师，一定能进步得更快。”

“太好啦，我也要成为观鸟达人！”吴忧开心地竖起象征胜利的剪刀手。

“好啦，未来的观鸟达人，我们先就座吧。”吴秀山拍了一下吴忧的脑门，接着说：“赵老师一会儿就要给大家讲课了。”

吴忧淘气地吐了吐舌头，赶紧找到空位和爸爸坐在了一起。

1.3 谈谈观鸟

讲座在晚上六点半准时开始。赵老师并没有在讲台后面正襟危坐，而是随和地走到讲台前，像闲话家常一般和大家开始了交谈。

“今天大家都观鸟了吗？”赵老师问，这开篇的第一问看似平淡，却问倒了全场。

“赵老师，今天是工作日，大家恐怕都没有时间去野外观鸟。”一位大学生模样的男生站起来说道：“如果是周末或节假日，我们才有可能去观鸟啊。”

“这位同学你请坐，谢谢你的回答。”赵老师笑着说，“去高山大川追逐鸟儿的踪迹的确是我们经常理解的观鸟，不过坐在后院里安静地看几只麻雀在觅食也是一种观鸟。观鸟不一定远离红尘人世，最关键之处在于融入自然、用心体验。观鸟，可以有很多角度。”

赵老师接着说：“观鸟，首先是观察、识别鸟，以此我们便和它们建立了认识，进而增加了解。通过观鸟，我们不仅可以知道鸟的种类、特点、习性，还能够解读鸟类的行为并懂得其中传递的信息：它们是迁徙、觅食，还是求爱、打斗？观察一只小鸟，我们应该在心中勾勒出这只鸟栖息的整幅‘生态图画’：它们的栖息地是山林、原野，还是沼泽、滩涂？这个季节是它们的繁殖季节还是迁徙季节？它的食物有哪些？今年的物候将怎样？因此，不论在何地观鸟，观何种鸟，在你沉下心来细细欣赏它们的时候，你就已经融入自然当中。”

在对观鸟一番富有诗意的解释后，赵老师又问大家：“在我们身边经常见到的鸟有哪些呢？”

“自然是麻雀、乌鸦和喜鹊了！”一位六十来岁的奶奶说。

“还有大斑啄木鸟，我在公园里就见过！”坐在奶奶旁边的小女孩说。

“珠颈斑鸠！”

“戴胜！”

“还有绿头鸭！”

……

大家争先恐后报上鸟名。吴忧突然想到一种鸟，马上说道：“还有八哥！”

大斑啄木鸟

大斑啄木鸟是鸳鸯的邻居之一。有资料记载，鸳鸯有时也会用啄木鸟的旧巢，当然那个啄木鸟巢一定比较大。

北京的乌鸦

虽然看上去乌鸦就是黑色的大鸟，但不同种类是有差异的。北京地区可以观察到的黑色乌鸦有五种：大嘴乌鸦、小嘴乌鸦、秃鼻乌鸦、白颈鸦、达乌里寒鸦，还有一种羽毛不是黑色的松鸦。它们都是同属于雀形目鸦科的鸟类。

大嘴乌鸦

又叫巨嘴鸦，俗称老鸦、老鸹。体长约50厘米。大嘴乌鸦对环境的适应能力很强，无论山区、平原均可见到，是中国常见的留鸟。由于各大城市的“热岛效应”和“垃圾围城”等环境问题的影响，大嘴乌鸦在城市中极为常见，以路旁、公园中的高大乔木为落脚点。大嘴乌鸦是杂食性鸟类，主要以昆虫为食。

小嘴乌鸦

与大嘴乌鸦长相相似，都属于个儿大、全黑且叫声粗哑的鸦类。比起大嘴乌鸦，小嘴乌鸦的喙更细，且叫声相对更温润些。小嘴乌鸦是中国常见的留鸟（冬季做短距离迁移），南方少数地区为冬候鸟。小嘴乌鸦是杂食性鸟类，其他鸟的鸟蛋和雏鸟都会成为它们的盘中餐，对于腐肉也来者不拒。有垃圾的地方也能看到它们觅食。

秃鼻乌鸦

与形态近似的大嘴乌鸦和小嘴乌鸦相比较，秃鼻乌鸦的嘴基部周围没有羽毛覆盖，露出了灰白色鳞状皮肤，在黑色体羽的映衬下非常显眼。它们的叫声为粗粝嘶哑的呱呱声。秃鼻乌鸦常栖息于平原丘陵低山地形的耕作区，有时会接近人群密集的居住区。它们喜结群活动，尤其到了冬季常常结成庞大的鸟群，多的时候可达数千乃至上万只。

达乌里寒鸦

小型鸦类，体长30～35厘米。全身羽毛主要为黑色，后颈有一宽阔的白色颈圈向两侧延伸至胸和腹部，在黑色体羽衬托下极为醒目。达乌里寒鸦主要吃昆虫、谷物、浆果等，也会跟其他鸦科鸟类一样吃动物尸体和抢别的鸟类的鸟蛋吃。达乌里寒鸦在冬季喜欢集群活动，一群可以由几十只到数百只个体组成，多则可达数万只。想象一下数万只达乌里寒鸦发出降调“啊啊”的叫声从你的头顶或者远方天空中飞过，形成一大团延绵不绝的黑雾的情景吧！

▲ 白颈鸦

体形比达乌里寒鸦大，全长约48厘米。除颈后、上背、颈侧及前胸为白色并形成颈圈外，其余部分均为黑色。栖息于平原、耕地、河滩、城镇及村庄。以种子、昆虫、垃圾、腐肉等为食。它们常单独或成队活动，很少集群。近年来由于栖息地的退化、人为活动的干扰、食物资源的锐减，白颈鸦的数量持续减少，现已被列入《世界自然保护联盟》（IUCN）2012年濒危物种红色名录ver3.1——近危（NT）。

▲ 松鸦

上体葡萄棕色，尾上覆羽白色，尾和翅黑色，翅上有辉亮的黑、白、蓝三色相间的横斑，极为醒目。是山林鸟，一年中大多数时间都在山上，很少见于平地，一般都远离人居。以昆虫为食，也吃蜘蛛、鸟雏、鸟卵等。

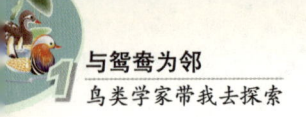

“嗯，大家说得都很好，这些都是我们身边经常见到的鸟。”赵老师接着说，“刚刚吴忧小同学说到‘八哥’，现在北京的确能够经常见到这种鸟。它们的叫声很悦耳，还可以模仿许多种类的鸟鸣和声音，有些人也在家里饲养八哥。不过，年纪小的孩子们可能没有经历，年长一些的人可能会注意到，二十多年前，北京乃至北方地区都是没有野生八哥生活的。八哥原来是南方常见的原野鸟类，由于一些人为的因素，如鸟类的买卖、人工饲养繁育乃至栖息地的改变，使得这种鸟来到北方，并逐渐适应了北方的物候条件生存下来。通过观鸟，我们能够发现鸟类的行为变化，从它们的行为变化，又能够发现它们生存环境的改变。这些鸟类栖息地的迁移是因为生存环境的破坏还是气候条件的改变？抑或是人为因素的干扰？通过对这些问题的解答，也会引起我们对人类生存环境的思考。”

“啊？爸爸，原来八哥不是我们北方的鸟啊？”吴忧小声地问爸爸。

“对啊，它们也算是地道的‘北漂’呢！”吴秀山幽默地说。

1.4 与鸳鸯的美丽邂逅

“还有一种鸟，曾经也不在北京落脚，最近几年逐渐适应了这里的环境，开始安家落户了。有谁知道它们吗？”赵老师微笑着环视教室。这一次大家不像刚才那么踊跃，都拿不准是哪种鸟，只等待着赵老师亲自揭晓答案。

赵老师转身走上讲台，打开了演示文档，一个美丽的五彩身影赫然投映在屏幕上。

“啊，是鸳鸯！”大家异口同声。

“好像是啊。以前公园里没见过野生鸳鸯，野鸭子倒有几只。不过最近几年我在紫竹院和动物园都见到过呢！”

“对对，我前几天刚在紫竹院见到了，有四五对在东边儿荷花池里游呢！”

……

几个上了岁数的鸟友窃窃地交流了几句。

赵老师接着讲道：“三十多年前，在北京基本见不到野生的鸳鸯。1988年，蔡其侃先生在他的《北京鸟类志》中写道：鸳鸯在北京地区属于

▲鸳鸯

雁形目鸭科。鸳指雄鸟，鸯指雌鸟，故鸳鸯属合成词。体长38～45厘米。在繁殖期，雄鸟羽色华丽，头具艳丽的冠羽，眼后有宽阔的白色眉纹，翅上有一对栗黄色扇状直立羽，像帆一样立于后背，非常奇特和醒目。雌鸟的头和整个上体灰褐色，眼周白色，其后连一细的白色眉纹。主要栖息于河流、湖泊、水塘、芦苇沼泽和稻田地中。杂食性。

罕见旅鸟……”

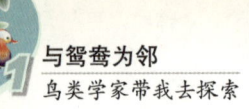

“旅鸟？爸爸，这是什么意思啊？”吴忧不解地问爸爸。

“在迁徙过程中只是路过这里，不在这儿越冬或者繁殖的候鸟就是旅鸟。就像鸳鸯，它们把北京当作驿站，歇歇就走了，对北京而言它们就是旅鸟了。”吴秀山解释道。

“噢，就像是旅客一样嘛，只是路过，它们还是要回到自己家乡的，对吗？”今天又收获了一个新名词。吴忧得意地看着爸爸，爸爸冲他点了点头。

“从20世纪90年代起，开始有少量鸳鸯在北京地区繁殖和越冬的记录。随着时间的推移，鸳鸯数量已经逐渐增长到200多只。”赵老师一边讲一边播放着幻灯片。“这是2004年5月初我们在北京怀沙河、怀九河地区科考时，在怀沙河三渡河村的溪流中发现的鸳鸯种群，我们还观察到一只带着雏鸟的雌鸳鸯。这一迹象让我们看到，鸳鸯在北京的居留状况有了新变化，也让我们了解到鸳鸯这个物种的行为在逐渐发生着变化。2006

怀沙河是北京最早发现有鸳鸯繁殖迹象的地方。

怀沙河的鸳鸯　蔡益摄

年，我们开展了名为《北京野生鸳鸯保护》的项目，主要选择两个鸳鸯种群进行鸳鸯的行为学观察和数量变化的记录。这两个种群一个代表北京平原城市有水域的园林种群，以北京动物园和紫竹院公园为观察地点；另一个代表北京山地溪流的林地种群，以北京怀沙河、怀九河流域为观察地点。在连续的几年时间里，项目组成员和观鸟志愿者们记录了许多鸳鸯不为人知的生活习性，同时也了解到生境变化对鸳鸯种群的诸多影响……”

随着赵老师幻灯片的切换，在自然界的四季中，鸳鸯缤纷多彩的生活一幕幕展现在大家眼前。鸳鸯生命的绚烂，生存的小心谨慎，种群内部关系的错落有致，给大家留下了深刻的印象。短短一个半小时的讲座接近尾声，赵老师走下讲台对大家说道：“今天和大家在一起交流，不仅是分享我们开展鸳鸯保护项目的一些收获，更是想让大家真正理解什么是观鸟。观鸟是一种户外活动，是一种认知活动，是一种休闲方式，更是一种心灵的享受。我们国家有着丰富的鸟类资源，有记录的达1 300余种。它们形态各异，姿态万千。学会观鸟，我们就得到了一张进入大自然剧院的终身门票。”

1.5 誓言，要做真正的观鸟人

回家的路上，吴忧兴奋地对爸爸说：“爸爸，赵老师讲得太精彩了，观鸟真是太有意思了，我也想和赵老师一起去观鸟，我也想亲眼看看鸳鸯的生活呢！它们太神奇了！您说，我能参加保护鸳鸯的项目吗？”

吴秀山笑笑说：“观鸟当然没问题啊。不过要参加保护项目你可得下定决心，肯吃苦、能持之以恒才行。你能做到吗？”

“能，一定能！”吴忧拍着小胸脯向爸爸保证。

“那就看你的表现了。下个月我要和赵老师一起到怀柔去做鸳鸯调查，到时候你可以体验一下真正的野外调查，幸运的话还能看到鸳鸯呢！”吴秀山说。

“太好了，爸爸！”

那天晚上，吴忧躺在床上久久不能入睡，心心念念地想着不久后的野外观鸟。就在一条小溪边，一只美丽的鸳鸯正在阳光下梳理着它流光溢彩的羽毛，那么宁静、那么安详……

2 你说我说 鸳鸯知多少

周四下午的课外活动，照例是各个兴趣小组讨论交流的时间。四年级二班的教室里是一派热闹非凡的景象：环保小组商量着要以绿色低碳为主题绘制这一期的班级板报；科技小组还在研究着上周参观科技馆时看到的静电球的放电原理；竞技游戏小组正聚在一起探讨着如何组装出战斗力超强的陀螺；以吴忧为组长的生物小组，今天探讨的主题自然是他近日萦绕心头的鸳鸯了。

2.1 事实还是谎言？分不清

大家正讨论得热火朝天，突然一阵不和谐的声音从教室的一角响起。

“你骗人！根本就不可能的事儿！”

“我没有！就是真的！”

“哎呀，你们别吵别吵，好好说！”

“瞎说！”

“没有！”

“别吵啦！”

……

越来越激烈的争吵声引起了班主任苗老师的注意，她走到生物小组，原来是吴忧和小组成员庄壮壮在争吵，两个女生兰兰和辛梓只能不停地劝架。

“吴忧、壮壮，有什么问题可以好好商量来解决。”苗老师说，“究竟因为什么吵成这样？”

“苗老师，我跟他们讲鸳鸯的生活习性，他们不相信我，说我是瞎编的！”吴忧向苗老师申诉。

庄壮壮立刻反驳道：“苗老师，吴忧刚刚说的那些根本就不符合常理，不符合逻辑！”

“我说的都是事实，那叫自然现象！”

“不可能，那么高跳下来，非死即伤！”

他们你一言我一语争论不休，苗老师也听得一头雾水，连忙摆摆手说：“好了，好了。你们把事情从头讲一讲，让大家也明白明白怎么回事儿。”

两人终于停止了争吵。其他小组的同学也被生物小组的激烈辩论吸引了过来。大家围坐在四周，等着生物小组揭开这个悬念。

吴忧首先发了声：“苗老师，同学们，我再给大家介绍鸳鸯的生活习性。鸳鸯是一种像鸭子一样的水鸟，但是它们却把窝建在高大的树木上。小鸳鸯就在树洞里出生，然后跟着鸳鸯妈妈跳到陆地上，再游回水里生活……”

庄壮壮还没等吴忧说完就插话道：“你看，你说鸳鸯是鸭子一样的水鸟，那鸭子明明在陆地上做窝的，鸳鸯怎么会在树上做窝呢？”

几个同学小声嘀咕道：“也是啊，鸭子应该不会上树的吧？”

庄壮壮一听有人声援自己，更加理直气壮了：“还有啊，你说鸳鸯在树洞里做窝，那鸳鸯会在树上打洞吗？啄木鸟那种大尖嘴才能打洞呢，鸳鸯的嘴怎么打洞啊，你说说？”

“壮壮分析得对啊，这鸳鸯怎么在树上打洞的啊？”

“对啊，对啊，吴忧你说说，怎么打洞啊？”

同学们越发疑惑了。

“还有，还有，这是最关键的。”庄壮壮的声音也随着不断壮大的底气提高了许多，“你说小鸳鸯出生后是从树上跳下来的，那它们怎么跳的？它们又不会飞，从那么高的大树上跳下来，不摔死才怪呢！”

“是啊，是啊，从树上掉下来还能活吗？”

“我在树下见过掉下来摔死的刚出生的小喜鹊，样子可惨了！”

“那也许是鸳鸯妈妈背小鸳鸯下来呢，一只接一只背着小鸳鸯飞下来？”

“怎么可能啊，哪儿有鸟能驮着东西飞的啊，你那是童话故事吧。我觉得用爪子抓着才有可能呢，鹰捕鱼就是用爪子抓住的。”

“你净瞎说，鸳鸯是鸭子，鸭子有爪子吗？鸳鸯是脚蹼啊，拜托！”

……

同学们议论纷纷，吴忧小脸涨得通红，愤愤地坐着一言不发。

2.2 生物小组的新任务

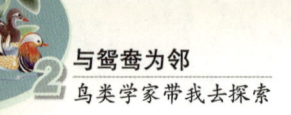

苗老师示意大家安静，然后轻声对吴忧说：“吴忧，你看大家对鸳鸯有这么多疑问，你能解释一下吗？”

吴忧扁着嘴说：“我是昨天晚上在周三讲堂听赵欣如老师说的。他是鸟类专家，他亲口说的肯定没错！”

庄壮壮反驳道：“耳听为虚，眼见为实。你又没见到小鸳鸯从树上跳下来，你怎么知道这是真的。再说了，也许是你听错了呢！”

“对啊，对啊，我也不太相信小鸳鸯能从树上自己跳下来。”

“是啊，那么高跳下来一定摔死了。”

……

同学们的声音一致倒向了庄壮壮一方。吴忧心里又急又气，却也拿不出证据来，只能用求助的目光看着班主任苗老师。

苗老师看出了吴忧的心事，一边安抚着议论纷纷的同学们，一边对大家说：“今天生物小组讨论的问题很有意思，老师我也从没了解过鸳鸯的生活习性。这样吧，借着今天的讨论话题，我们就给生物小组布置一个任务，让他们为我们大家准备一个关于鸳鸯的讲座。下周四下午的课外活动时间，我们就来听听鸳鸯的真实故事，好吗？”

“吴忧，庄壮壮。”苗老师拍着两个小伙伴的肩膀说，“你们两个是生物小组的骨干，认识上有分歧时，争吵是解决不了问题的。你们还要像以前那样团结合作，好好完成这个任务。”

吴忧和庄壮壮两人对视了一眼，虽然心中还不服气，但是为了生物小组能完成任务，都痛快地点了点头。

“还有兰兰和辛梓，你们生物小组的四个人要相互配合，一起完成任务，好不好？”苗老师笑着对两个一直安静坐着的女生说道。

“好的，苗老师，我们保证完成任务。”兰兰说。

“放心吧，苗老师！”辛梓说。

“好的，今天的课外活动就到这儿了。大家放学回家的路上要注意交通安全，不要追跑打闹。同学们，明天见！”苗老师笑着宣布放学。同学们如同出林的小鸟，欢快地冲出教室，伴着喜悦的歌声一路穿过走廊，迈出校门。

2.3 求同存异，化干戈为玉帛

回家的路上，吴忧和庄壮壮一前一后快步走着。刚刚闹的不愉快还没过去，他们俩谁也不理谁。

“吴忧、壮壮，你们等一等啊！”兰兰和辛梓手拉手追上了他俩。

“我们刚刚可是答应苗老师，要一起给大家做鸳鸯讲座的啊！你们俩这样别别扭扭的怎么行啊！”兰兰着急地说。

“是啊，你们俩闹别扭也不能解决问题，咱们还是抓紧时间去找答案才对啊！”辛梓说。

吴忧和庄壮壮听她们一说，也觉得有道理，但是在两个女孩子面前低头还有点儿不好意思。

吴忧想了想，故作镇静地说：“你们俩懂什么啊，我们这是在竞走呢。这是一种健身运动，能开发智力的，懂不懂？谁说我们还在怄气呢，是吧，壮壮？”

庄壮壮一听，马上接住了吴忧抛来的橄榄枝，说道：“就是，我们在锻炼身体呢，这样有助于思考！”说着，壮壮拍了拍吴忧的肩道：“她们女孩子真麻烦，咱们快走吧，回家查资料去！”

“Let’s go！”俩人争先恐后，像两匹脱缰的小野马一样飞快地跑开了。

“喂，等等我们呀！”两个小女生被他俩突然的和好惊得一时没有缓过神儿，再想追时已经望尘莫及。

“这俩人，真是的！”兰兰气鼓鼓地说，“就这么跑了，咱们还没来得及分工呢！”

辛梓若有所思地说：“兰兰，小时候我妈妈给我讲过一个日本的小故事，是鸳鸯的爸爸妈妈战胜乌鸦，保护小鸳鸯的故事。我记得里面讲小鸳鸯好像是在树洞里出生的，但不记得小鸳鸯是不是跳下树的了。”

“真的呀！”兰兰惊讶地说，“那这么说吴忧也许是对的呢！这可真是不可思议啊！”

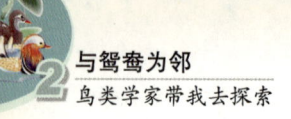

“嗯，是啊！不过这只是个童话故事。”辛梓说。

吴忧和庄壮壮一路跑到了吴忧家楼下，壮壮气喘吁吁地说：“吴忧，刚才跟你吵架是我不好，但我还是不能相信你刚才说的。”

吴忧摆摆手说：“不，吵架我也有错。我一定可以证明我说的是真的，让你心服口服。”

庄壮壮举起右手说：“好，我也要找到证据驳倒你，咱们一言为定！”

“一言为定！”吴忧也举起右手。“啪”的一声清脆的击掌声后，两个小伙伴各自回了各家。

2.4 真相往往超乎想象

“我回来了！”吴忧一进家门，就看见爸爸正坐在电脑前整理野外考察拍摄的照片。厨房里，妈妈正在准备晚饭。

“爸爸，快给我电脑，我要查资料！”来不及换上拖鞋，吴忧扔下书包光着脚跑到了吴秀山身前。

“什么事儿这么着急？”吴秀山问。

“还不是鸳鸯的事儿。今天我跟同学们说小鸳鸯是在树洞里出生，然后从树上跳下来的。他们都不信，说我是瞎编的！”吴忧嘟着嘴说，“尤其是庄壮壮，他说我说的完全不符合常理，还要找证据证明我说的是错的！”

“爸爸，你快起来，我要用电脑查资料，我要证明他们都是错的！”吴忧一边央求一边迫不及待地要抢占爸爸的椅子。

“这样啊！”吴秀山不紧不慢地说，“吴忧，我来问你一个问题。”

“什么，爸爸？”吴忧眨眨眼道。

“你说大家都不信你，那么我们换过来想想，如果你之前对鸳鸯一无所知，有人告诉你它们在树上出生，再从树上跳到地面上。你会认为那人说的是真的吗？”

吴忧想了想，低声说：“好像不会。”

吴秀山接着说：“对嘛，我们大多数人都不会相信的，因为常识告诉我们这不太可能是真的，所以大家才会怀疑你。”

“所以我要找到证据证明我是对的，他们都是错的！”吴忧激动地说。

不要陷于谁对谁错的意气之争哟。记住，我们的目的是探索自然、认识自然、保护自然啊。

“吴忧，我们做事情不是为了证明谁对谁错。自然界中有太多现象是人们用常理无法解释的。”吴秀山语重心长地说，“我们探索自然的目的，是想把这些神奇的自然现象展示给大家，让人们能更加清楚地认识自然，这样我们才能更好地保护自然环境、保护野生动物啊。”

吴忧点点头，心中暗暗地体会着爸爸一席话的深意。“我知道了，爸爸，我要做的应该是怎么向大家介绍鸳鸯，让他们了解鸳鸯，而不是为了证明我是对的。”

吴秀山笑着拍拍吴忧的头说：“这就对了，凡事都要有一颗平常心，耳朵里要听得进去不同的声音，要明白什么才是自己真正要做的事情。”

“饭做好啦，你们爷儿俩快来吃饭吧！”妈妈温柔的声音从客厅传来，可口的饭菜已经摆上了餐桌。

“哇，好香！”吴忧闻着饭菜香吞了吞口水说，“你说得对，爸爸，我不证明谁对谁错了。我先吃饭，吃完再查鸳鸯的资料，我要好好准备鸳鸯的讲座！”

“这就对了。晚饭后，爸爸跟你一起准备，我帮你找些鸳鸯的照片，一定能帮到你们的！”吴秀山笑着说。

“太棒了，爸爸！”吴忧开心得就像一只快乐的小鸟。

吴忧一顿饭还没吃完，已经接到了两个电话。

“哇，吴忧，原来你说的是真的啊！小鸳鸯真的是从树上跳下来的

夕阳下的一对鸳鸯伴侣

鸳鸯妈妈和它的宝宝

啊！”电话里兰兰激动的声音提高了八度。

“真是不可思议啊，鸳鸯真是太特别了，我真想亲眼看看小鸳鸯出生呢！”辛梓也在电话里表达了那份惊讶。

总算是吃完了饭，帮妈妈收拾完碗筷后，吴忧和爸爸一同坐在电脑前，查找着鸳鸯的资料。吴秀山打开存着鸳鸯照片的文件夹一张张浏览，一边看一边给吴忧讲着照片里展示的故事。看着爸爸那些精美的照片，吴忧不禁被鸳鸯丰富而传奇的生活惊住了。

“爸爸，我真不敢想象鸳鸯的生活这么丰富多彩。我一定要把这些讲给大家听，让他们也能感受得到。”吴忧说。

正说着，第三个电话打了进来。不用说，一定是庄壮壮。

“喂，吴忧。”电话那边传来了庄壮壮气馁的声音，“我查了好多资料，小鸳鸯确实是在树洞里出生的。你说得对，我错了。”

“没有关系的，也没有谁对谁错。你从常理分析认为我说的是错的，这很正常。”吴忧大度地安慰着壮壮，听了爸爸的话，吴忧已经端正了心态，不再为争论对错而纠结了。

“可是，可是没有亲眼见到，我还是不太相信这些都是真的。”庄壮壮难受地说，他的心快要被这个大大的疑惑撑破了。

“这个不难啊，我们一起来探究鸳鸯吧，用事实来说话！”吴忧自信满满地说。

“好啊好啊，怎么探究呢？去哪儿啊？明天就去吗？”庄壮壮激动地像连珠炮一样发问，恨不得马上就出发找鸳鸯去。

“哈哈！看把你急的。”吴忧笑着说，“我们先完成第一个任务，为大家介绍鸳鸯。然后咱们再制订一个详细的观鸟计划，这个需要我们组四个人分工合作才行。”

“行，没问题！脏活累活交给我，我来办！”庄壮壮开心地说。

“有困难咱们一起解决，嘿嘿！”吴忧接着说，“我爸爸说咱们附近的紫竹院公园和动物园都有鸳鸯生活，有专门的课题组正以这两个地点作为鸳鸯调查地，也许我们能参与他们的调查呢。但详细的计划，我想还是叫上兰兰和辛梓，咱们四个人一起商量下才行。”

“好的，人多力量大！”庄壮壮说道，“哎呀呀，我快饿死了，到家就一直在查鸳鸯。妈妈催我好几次，都快生气了。咱们明天见面再说。”

挂上电话，吴忧笑着把庄壮壮为了证明自己是对的，查了好久的资料，连晚饭都没吃的事告诉了爸爸。吴秀山听完一笑，说道："你看，其实你们俩都一样，眼里就看见对错，还不明白查资料、研究鸳鸯的真正目的是什么。"

"是的，爸爸，现在我明白了。"吴忧点点头说，"我想要了解鸳鸯。我想把鸳鸯真实的生活告诉大家，让更多的人认识它们，喜欢它们。"

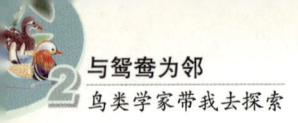

吴秀山满意地笑了笑，继续和吴忧一起搜集着鸳鸯的资料和故事。看着爸爸拍摄的照片，听爸爸讲着照片背后的故事，鸳鸯生活的一幕一幕像一颗颗熠熠生辉的宝石，在吴忧的脑海里穿成了一串流光溢彩的项链。春夏秋冬，鸳鸯生活的每一季都是那么绚烂多彩。

飞翔的鸳鸯

3 鸳鸯别动队

周五的下午总是让人期待和愉快的，因为双休日就要来临了。苗老师布置好双休日的家庭作业，向大家宣布放学。同学们欢呼雀跃地开始收拾书包，好朋友间也开始相互交流着自己双休日两天的安排。生物小组的四个小成员却迫不及待地聚到一角，商量鸳鸯研究计划。

3.1 生物小组的碰头会

“哇噻，真不敢相信小鸳鸯能够从那么高的大树上跳下来啊！”

“对呀，对呀，你说鸳鸯为什么要住在树洞里啊？”

“真是太神奇啦！”两个小女生一碰面就你一言我一语地聊了起来。

“安静，安静！我们讨论点儿正事。吴忧，你说我们下一步该做什么啊？”庄壮壮一边终止了两人根本停不下来的对话，一边询问着小组接下来的工作安排。

吴忧想了想，颇有条理地说道：“第一步工作肯定是要把下周的讲座准备好，接下来才能开始我们的鸳鸯实地考察。”

“实地考察啊！就是说，我们能亲眼见到野生的鸳鸯吗？”兰兰兴奋地叫出声来。

“嘘，小点儿声！”吴忧连忙示意兰兰不要声张，“这还只是一个初步的设想，我们还得再计划计划。眼前最重要的就是下周的鸳鸯讲座，我们大家需要一起来搜集资料。”

“没问题啊，我们都需要搜集什么内容的资料？”辛梓说。

“我是这么想的。”吴忧顿了顿说，“我们分头搜集资料。辛梓你来负责搜集有关鸳鸯的诗歌和故事，兰兰你就负责找找鸳鸯主题的文物和图画作品，壮壮你来查找介绍鸳鸯生活习性的资料，最后我负责整理和制作演示文稿，你们觉得怎么样？”

“好，没问题！”三个人异口同声地答道。

吴忧继续说：“至于去野外进行鸳鸯考察的计划嘛……我爸爸说如果我们愿意，他可以带我们一起去见北师大的赵老师，没准儿就能跟随赵老师一起去做考察。”

“哇，真的吗？”“去野外啊！”“太好啦！”三人激动地说。

“不过，”吴忧狡黠地话锋一转，“去野外考察实在是太辛苦了，起早贪黑不说，跋山涉水的还把自己弄得又脏又臭，一天到晚累得要命！我想大家肯定都不愿意的啊！”

“愿意！愿意！”“我们可不怕脏、不怕累的！”两个女生抗议道。

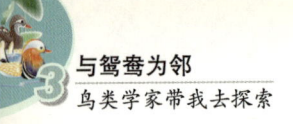

“就是，我们有的是力气，你看看我这肌肉！”说着庄壮壮撸起袖子向吴忧展示着自己健硕的肱二头肌。

吴忧被庄壮壮逗得哈哈大笑起来：“哈哈，逗你们的。我跟爸爸说我们非常愿意参加，他答应下个双休日方便的话就带我们去见赵老师！”

“太棒了！太棒了！”几个人开心地叫了起来。

“你们几个还不回家呢？”苗老师对四个小伙伴说。其他同学已经向老师道别了，只有他们还留在教室里。

“苗老师，我们刚刚在商量下周鸳鸯讲座的事儿，这就回家了。”吴忧说。

“好的，你们好好准备，回家路上要小心啊。”苗老师送他们出了教室。

“好，我们一定好好准备。老师再见！”四个小伙伴跟苗老师挥挥手，就快乐地回家去了。

双休日的两天时间里，四个小伙伴紧锣密鼓地筹备着鸳鸯的讲座。他们分头行动，废寝忘食地搜集着资料，连各自的爸爸妈妈都诧异是什么样的任务给了他们这么大的动力。终于在周日的下午，大家聚在吴忧家，共同完成了鸳鸯讲座的演示文稿。浏览着图文并茂的文稿，小伙伴们像四只勤劳的小蜜蜂终于酿好了一坛甜美的蜂蜜一般，心满意足地笑了。

3.2 旗开得胜，我们要与观鸟大师见面了

果然功夫不负有心人，周四下午的鸳鸯讲座博得了一个满堂彩。鸳鸯那些不为人知的生活习性、鸳鸯文化以及与鸳鸯有关的传说故事，都让同学们深深着迷。苗老师也对生物小组的这次讲座给予了肯定，表扬了四位同学团结协作的精神以及认真求知的态度。有了同学们的肯定和老师的鼓励，四个小伙伴更加信心满满。他们下定决心要再接再厉，继续做好鸳鸯的野外考察项目，把鸳鸯更为真实的一面展现给大家。

好消息也总是接踵而来。在生物小组鸳鸯讲座获得好评的那天晚

上，吴忧的爸爸吴秀山也为他们带来了赵老师的好消息。得知生物小组想参与鸳鸯野外考察的意愿后，赵老师欣然答应了孩子们的请求，同意他们参与考察项目，并安排了周六与孩子们见面详谈。

自古以来，我们就是我国人民非常喜爱的鸟类。关于鸳鸯的诗歌、书画、故事等都非常丰富。

收到喜讯的吴忧迫不及待地把这个消息告诉了其他三人。整个生物小组都因为这个好消息沸腾了，按捺不住地想早点见到赵老师，心心念念地盼着周六快点到来！

“叮咚、叮咚……”周六一大早，吴忧家的门铃就响了起来。吴忧赶忙跑到门口，一开门就看见庄壮壮、兰兰、辛梓三个小伙伴齐刷刷地站在门口。

“你们这么早就来啦！”吴忧一边说，一边把小伙伴们请进了家。

吴秀山抬头看了看时钟，还不到八点半，笑着对他们说：“约好的九点出发，你们现在就到了。我以为也就吴忧兴奋得早上六点就爬起来了，没想到你们都够着急的啊！”

兰兰说：“叔叔您不知道，昨天晚上，我一想到明天就能见到赵老师，能跟着他去野外看鸳鸯，我都兴奋得睡不着觉了！”

庄壮壮也连忙说道：“我也是，我也是。失眠了，失眠了，昨天！”

大家听了都笑了起来，吴忧的妈妈走过来，温柔地问：“起得那么早，都吃过早饭了吗？要不要给你们准备点儿？”

“我们已经吃过了，谢谢阿姨！”三个小伙伴齐声说。

“咱们等一会儿再出发，我和赵老师约好九点半见。”吴秀山说，“这样吧，我先给你们看一些鸳鸯的照片好不好？”

“好啊，好啊！”四个小伙伴拍手叫好，开心地围在了吴秀山身旁。

3.3 对话观鸟大师

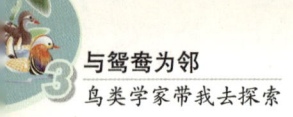

九点半刚到，吴秀山就带着生物小组来到了北师大赵老师的办公室门外。马上就要见到自己心目中的观鸟大师了，小伙伴们心中异常激动。

敲门声刚刚落下，便有人来开门了。只见一位慈眉善目的长者出现在门内，一见面就笑着把大家迎进门。

“秀山你好啊！小同学们好啊！”赵老师立刻和大家打招呼，声音洪亮而充满了磁性。

“赵老师您好！不好意思，周末还要打扰您。”吴秀山说。

“赵老师好！”吴忧赶忙从爸爸身后凑到赵老师跟前，说道：“我们又见面啦。”

“噢，是吴忧啊。”赵老师笑着说，“你爸爸说你们生物小组想参与鸳鸯调查项目，就是你们四个吧？”

“是的，赵老师！”吴忧回答道。

“赵老师，我叫兰兰！”“赵老师，我是庄壮壮！”两个小成员争先恐后地介绍着自己。

腼腆羞涩的辛梓总是最后开口：“赵老师，您好！我叫辛梓。”

“赵老师，您还不知道呢。”吴秀山说，“这几个小家伙一听说要来见您，都兴奋极了。今天早早就到我家集合了。”

赵老师面带笑容地问：“这么说，你们已经决定要参加我们的调查了？”

“是的，赵老师！”四个小伙伴斩钉截铁地回答。

“那么，你们知道我们去做调查，去观鸟，需要注意些什么吗？”赵老师继续问道。

“我知道，要早起，不能睡懒觉！”庄壮壮抢先说道。

“还要不怕脏，不怕累！”兰兰也抢着说。

“嗯，说得也对。”赵老师点点头说。

“我们要认真观察，不能马虎大意。”吴忧想了想说。

“要持之以恒，不能半途而废。”辛梓坚定地说。

“说得很好，你们说的这些都很重要。”赵老师微笑着说，“还有一点也需要我们牢记。”

赵老师看着四个小伙伴询问的眼神说道：“就是不要打搅鸟儿们的正常生活。”

赵老师继续讲道：“我们去观鸟，就是以一名旁观者的身份走进鸟儿们的生活圈，用眼睛和笔记录下鸟儿的生活：它们

野外观鸟可不是简单的事情呀！你们要做好心理准备哟。

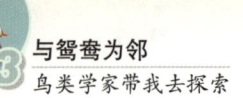

的叫声传达的是什么意思？它们的行为展现的是怎样的需求？它们吃些什么？它们在哪儿活动？它们的巢是什么样子？通过观察让我们能够更加清楚地认识它们，进而通过我们的工作让更多的人了解鸟类。所以，我们一定不能打扰它们，要将鸟儿最真实的一面记录下来。”

“赵老师，我们要怎么做才能不打扰它们呢？”吴忧问。

“这个嘛，比如说在观鸟的时候不可以大声喧哗。”赵老师说。

庄壮壮立刻双手捂住嘴巴，嘟嘟囔囔地说：“赵老师我保证不说话。”

“还有啊，就是要穿浅色的衣服，像兰兰今天穿的这件衣服的颜色就不

有敌情！
幸亏她穿着鲜艳的衣服！上次那个穿迷彩服的家伙靠近我身边时我才发现他！

太合适。”赵老师指着兰兰的衣服说，“颜色太过鲜艳，会让鸟儿很容易就注意到我们，它们就会很警惕地马上飞走或是躲开，不利于我们的观察。”

“啊？粉红色可是我最喜欢的颜色了。”兰兰有些失落地说，不过马上就阴转晴地笑着说，“为了鸳鸯，我下回不穿粉红色衣服啦！我保证！”

赵老师笑了笑说道：“还有，就是像刚才吴忧和辛梓说的，我们要认真客观地记录观察结果，不能凭想象改造数据。而且一定要有恒心。我们的观察是连续的，数据是靠日积月累得到的，所以不能半途而废，也不能三天打鱼两天晒网。只有坚持做好这些，才能保证我们的调查结果是真实可信的。你们能够做到吗？”

“能！”四个小伙伴异口同声地说。

“好的！那么，现在就欢迎你们正式加入我们的鸳鸯调查课题组。在今后的调查工作中，我们大家要共同努力啊！”赵老师面带微笑地向他们四位小朋友表示欢迎。

“耶！万岁！”四个小伙伴兴高采烈地鼓掌庆祝自己成为真正的鸳鸯调查课题组成员。

赵老师继续说：“现在已经是3月底了，每年4月初鸳鸯就会来到怀柔地区繁殖了。我们准备下周去怀柔进行一次实地考察，看看今年鸳鸯有没有迁来。你们下周就可以一起去亲身体验一下野外工作，也学习怎样观察记录。好不好？”

“下周就能去野外啦！真是太好了！”庄壮壮开心地拍起了手。

“我今天回家就去找合适的衣服，一定不穿粉红色了。”兰兰也兴奋地说。

就连腼腆的辛梓也因为喜悦涨红了脸颊。

吴忧高兴地笑着，忽然想起了什么，赶忙问道：“赵老师，我们还需要准备什么器材吗？我见爸爸出野外都要准备望远镜、照相机、记录本什么的，好多东西呢。”

赵老师笑了笑说道：“吴忧还是很有经验的。我们需要带上望远镜、记录本和笔。最好再人手一本观鸟手册，这样我们遇到不认识的鸟时，可以很快对照手册认出它们。”

“观鸟手册？赵老师，观鸟手册是什么样儿的啊？”庄壮壮满腹疑惑地问道。

赵老师笑了笑，起身从书柜里取出四本书，给他们每人发了一本。吴忧接过书，封面上几只美丽的小鸟身影立刻跃入了他的眼帘。“野外观鸟手册。”吴忧轻声地念着书名。

赵老师说：“这本手册就当是我送给你们成为课题组成员的礼物吧。书里记录了我国最具代表性的264种鸟类，咱们在野外最常接触到的鸟类基本都能在书中找到。你们拿着它，可以按照鸟类典型的识别特征去查阅。同时书里还有对每种鸟类的简单介绍，也能帮你们快速认识鸟类。”

“课题组可能还有三四台备用的望远镜，下周我会帮你们准备好。调查期间交给你们保管和使用。”赵老师说。

“赵老师，吴忧可以用我的望远镜，您准备3台就可以了。孩子们的着装和一些野外必需品也由我来准备吧。”吴秀山说。

赵老师笑着说：“那好，那就麻烦秀山了！”

吴秀山看着四个小组员说道：“你们还有什么不明白的想问赵老师吗？时间不早了，如果没有，咱们就不打扰赵老师了。”

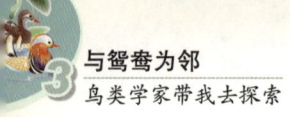

“没有了，爸爸。”吴忧答道。

“我们也没有问题了，叔叔。”几个小伙伴随后说道。

赵老师笑着对他们几个说：“以后遇到相关问题可以来问我。其实吴忧的爸爸也是一位相当出色的老师，博学多才，是鸟类方面的专家。你们有什么不明白的，可以随时找吴忧的爸爸。”

“赵老师您过奖了。”吴秀山笑着说，“那我们今天先告辞了，下周末怀柔调查我带着四个孩子去。”

赵老师起身相送：“那秀山你费心了，我们就按照计划开始今年的调查吧！孩子们，下周怀柔见！”

“赵老师，再见！”小伙伴们向赵老师挥手告别。

3.4 鸳鸯别动队正式成立

回家的路上，小组员们畅想着下周的野外考察，一个个开心地有说有笑。吴忧突发奇想地说：“今天开始咱们就是赵老师鸳鸯调查课题组的正式一员了，我觉得咱们小组应该改个名字。再叫生物小组体现不出来我们现在任务的特殊性，你们说对不对？”

“对，对，对！那叫什么名字好呢？”庄壮壮问道。

几个小伙伴陷入了思考，忽然兰兰尖着嗓子叫道：“叫‘鸳鸯小队’怎么样？”

吴忧想了想说：“鸳鸯倒是很好，说明我们的研究对象，可是‘鸳鸯小队’这个名字有点儿普通。再想想。”

兰兰吐了吐舌头继续思考。庄壮壮两手一摊，说：“我也没有更好的想法了，我还想说‘鸳鸯小组’呢，嘿嘿！”

吴忧挠了挠头，转向辛梓问道：“辛梓，你想出什么好名字了吗？全班就属你的语文最好了。”

辛梓微微一笑，说道：“我觉得兰兰说的‘鸳鸯小队’挺好，可以把‘小队’换成‘特别行动小队’，全称‘鸳鸯特别行动小队’，简称就是‘鸳鸯别动队’！叫起来也朗朗上口，意思也明朗，还能突出我们的特殊使命，大家觉得怎么样？”

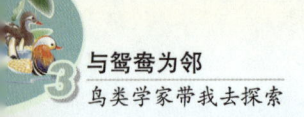

“好啊，好啊，鸳鸯别动队！真不错！”庄壮壮拍手称赞。

“我也同意！辛梓，这个名字算咱们俩合作想的喔！”兰兰笑着说。

吴忧也非常认可辛梓的提议，继续说：“那么，我们再推选出一名队长吧，负责协调任务。”

庄壮壮说：“那还是吴忧你来当队长吧，你是生物小组的组长，就担任鸳鸯别动队的队长吧！而且我们几个里面，你比我们掌握的鸳鸯知识更多，我觉得你最合适不过了！”

“我们也同意！这个队长就由你来当吧！”两个女生也赞成。

得到了大家的一致认可，吴忧既兴奋又觉得任务艰巨，宣布说：“谢谢大家的支持。那么从现在开始，我们的生物小组就更名为‘鸳鸯别动队’，我们四个别动队队员要一起加油，完成好鸳鸯调查的任务啊！”

“明白，队长！”小伙伴们开心地答道。

4 跟随课题组探访北京的鸳鸯

充满希望和期待的一周总是过得飞快。转眼就到了双休日，是鸳鸯别动队参与调查组第一次行动的日子。

4.1 准备完毕，鸳鸯别动队出发

小队员们照例早早地聚到了吴忧家，几个人一见面就欢天喜地地聊了起来。

“兰兰，你今天穿的这身衣服颜色很合适嘛！”辛梓赞许地说。

“是吧，我可是把很久不穿的衣服都找出来了，特意挑了浅绿色的裤子和浅黄色的上衣喔！”兰兰得意地说。转身看见庄壮壮，立刻尖叫了起来：“天哪，壮壮！你都带了什么啊，那么大一包！”

只见庄壮壮脖子上挎着望远镜，斜背着一个大水壶，背后还有一个大大的双肩背包。他费力地卸下背包，一屁股坐在地板上，拉开拉链把里面的东西一件件掏了出来。薯片、面包、饼干、巧克力、火腿肠、一大盒酸奶、一袋苹果和几根香蕉……

“喂，壮壮，咱们是去野外考察，

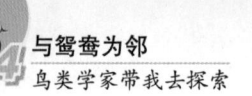

可不是去郊游哎！”吴忧笑嘻嘻地说。

“唉，这可不是我装的。都是我妈，怕我们出野外没有吃的，非让我带上。我拦都拦不住。”壮壮摇摇头说。

“爸爸已经帮我们准备了水和一些零食，而且中午我们还可以在村子里的饭馆吃饭，很方便的，大家放心吧！”吴忧拍着胸脯保证。

辛梓背着一个轻巧的背包坐在一旁，手中拿着赵老师送的那本《野外观鸟手册》认真地翻看着。

“辛梓，这一个礼拜你都书不离手，书里的鸟你都能背下来了吧！”兰兰笑着把辛梓拉到大家这边。

“两百多种鸟，我哪能都认全了啊。”辛梓有些不好意思地说，“我先把山区常见的鸟类简单了解了一下，若有机会在野外遇到它们，也算是遇到朋友，不那么陌生罢了。”从小受国学文化熏陶的辛梓，小小年纪却在言谈举止中流露着一种恬静典雅，像一个穿越来的古代美人。

“对，我也赶紧看看，一会儿见到鸟我就能说出它们的名字了！”庄壮壮连忙从包里拿出他那本手册，迫不及待地翻了起来。

“哈哈哈，你这属于临阵磨枪！”吴忧打趣着庄壮壮，几个小伙伴也笑作了一团。

“好了，小队员们！看来你们都准备好了，可以出发啦。”吴秀山走到客厅，对他们说。

“好啊，好啊！我们准备好啦！”小队员们开心地回答。

“叔叔，我的这些零食怎么办？我妈妈给我装的，要是都背着太沉了！”庄壮壮为难地看着吴秀山说。

“喔！是不少啊。不过既然是妈妈准备的，我们也不能辜负了她的好心。那就先放在车上，有需要的时候再拿出来吧！”吴秀山一边说，一边将一个大镜头扛在肩上，往背上背了一个大相机包。然后转头对吴忧说：“吴忧，你来帮我拿三脚架。”

“是，爸爸！”吴忧兴奋地扛起三脚架。

“那么，鸳鸯别动队的小队员们，我们现在出发吧！”吴秀山说。

“Yes，sir！”小队员们齐声答道。

出了家门，吴秀山在前面带路向停车场走去。庄壮壮追到吴忧身边，轻声说：“吴忧，你爸爸的照相机好厉害啊，那么大的镜头，像个大炮！”

“那是，我爸爸可是位专业的野生动物摄影师呢！”吴忧自豪地说。

4.2 你从哪里来，我的朋友

吴秀山驾车行驶在高速公路上，一路北上向着京郊怀柔开去。第一次一起执行野外考察任务，几个小队员显得既兴奋又紧张。车窗外繁华都市的高楼大厦已渐行渐远，取而代之的是高大挺拔的树木和初初泛青的田野。晴朗的天空下，远山也不再模糊不清，绵延起伏的山峰像大地母亲张开臂弯送来了拥抱。望着眼前略显陌生的景色，小队员们出神得忘记了交谈。吴秀山看到此刻的安静，觉得是时候可以告诉小队员们一些关于鸳鸯的信息了。

“队员们，你们知道鸳鸯是从哪儿飞来的吗？”吴秀山问。

提问好像一声清脆的铃声，将几个心驰神往的小伙伴拉回到现实中来。

“从哪儿呢？从哪儿呢？”壮壮挠着头说。

“翻书看看，手册里应该有！”兰兰推了推身旁的辛梓说。

“南方，一定是！和燕子一样从南方飞来的！”吴忧自信地说。

“嗯，鸳鸯的确是从南方来的。”吴秀山接着说，“但也不完全正确，鸳鸯和燕子的迁徙路线是不一样的。”

“迁徙路线？叔叔，迁徙路线是什么意思？”庄壮壮问。

吴秀山笑了笑解释道：“我们知道，候鸟会在每年的春季和秋季迁飞。春季从南向北，由越冬地飞向繁殖地；秋季从北向南，由繁殖地飞向越冬地。就像我们知道的初春燕子飞来，秋天大雁南飞一样，成千上万的候鸟会沿着有规律的、相对固定的路线，定时地在繁殖区与越冬区之间进行长距离的往返。这些固定的路线就叫作迁徙路线。除非发生意外，候鸟迁徙的时间、途径是年年不变的。”

“好神奇啊，它们居然都不会走错路！”兰兰惊奇地叫着。

“是‘飞错路’啦！”庄壮壮鬼机灵地纠正说。

“那到底有多少条迁徙路线呢，爸爸？”吴忧疑惑地问，“您说鸳鸯和燕子的迁徙路线不一样，它们都是从什么地方飞来的？”

吴秀山答道：“目前全世界总共有8条候鸟迁徙路线。其中有3条路线

经过我国。一条叫作‘东非西亚迁徙线’，候鸟从蒙古进入新疆，跨越青藏高原进入印度半岛，再飞越印度洋，最后在非洲落脚；另一条叫作‘中亚迁徙线’，候鸟从西伯利亚进入我国，最后在印度半岛繁衍生息；第三条叫作‘东亚澳大利亚迁徙线’，则是从美国阿拉斯加到澳大利亚西太平洋群岛，繁衍后再北上，经过我国的东部沿海省份。我们常见的家燕、雨燕和沙燕大都按照‘东非西亚迁徙线’迁徙的，而鸳鸯一般因循的是‘中亚迁徙线’。”

“哇！候鸟太厉害了，居然能飞行那么远的距离啊。”兰兰惊奇地说。

“它们这一路一定是经历了许多磨难呢！”辛梓感叹道。忽然又似乎想到了什么，问道：“叔叔，您说候鸟都是按照迁徙路线飞行的，那每条迁徙路线上的鸟都是从同一个起点到达同一个终点吗？”

“嗯，辛梓问得很好！”吴秀山继续解释说，“迁徙路线指的是候鸟们迁飞过程中大致相似的轨迹。每一条迁徙路线都会经过一个广泛的地理区域，不同的鸟类会根据当时的气候条件和环境条件选择自己的落脚点作为繁殖地和越冬地。各种鸟类虽然迁徙轨迹相似，可繁殖地和越冬地不尽相同，即使同一种鸟类也会分成数个群体，它们的繁殖地和越冬地也是不一样的。比如我们要调查的鸳鸯，它们的东南迁徙路线是从西伯利亚东南端的乌苏里地区向南延伸至朝鲜半岛，中国东部、中原直至南部，以及内陆地区的缅甸和印度东北部地区。乌苏里地区是鸳鸯主要的繁殖地，逐渐向南的其他地区是鸳鸯另外的繁殖地和越冬地。还有一小部分鸳鸯偶尔会出现在越南、泰国和尼泊尔。这条线东至日本海域，向南延伸至中国的台湾。”

地理迷庄壮壮一边听着吴秀山的解释，一边迅速在脑海里勾勒出鸳鸯迁徙路线，嘴里还念念有词地说道：“乌苏里、朝鲜半岛、我国东部和台湾地区……叔叔，鸳鸯都是沿着东部的海岸和岛屿迁徙的啊！”庄壮壮像发现了新大陆一样。

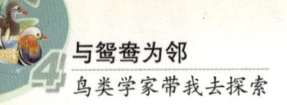

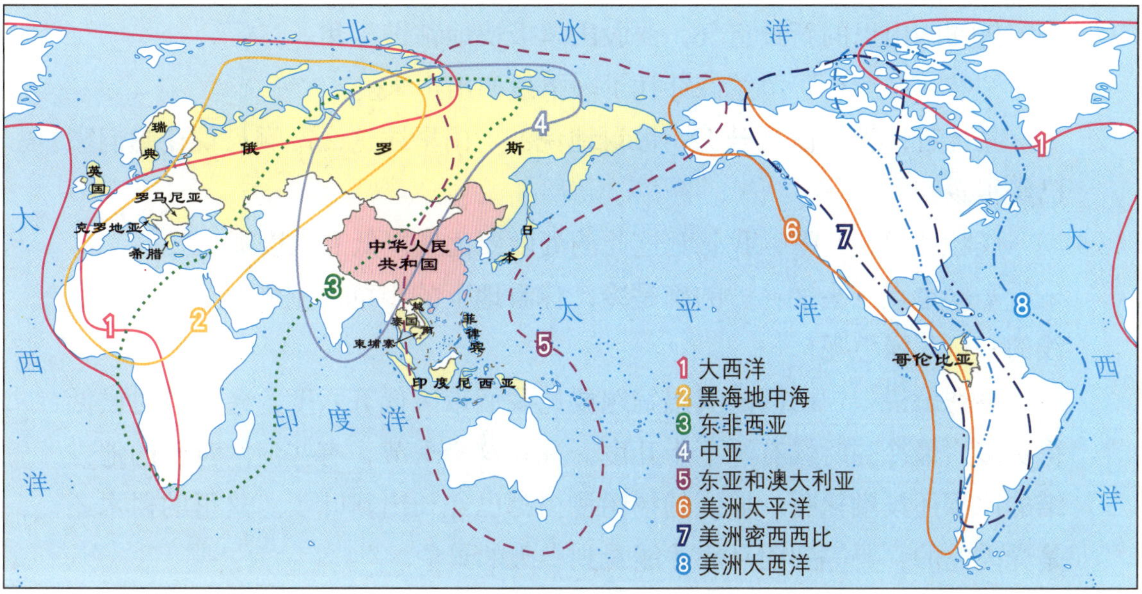

全球候鸟迁徙路线图

“可是我们北京既不是海岸也不是岛屿，鸳鸯怎么会到这里来呢？”吴忧接着庄壮壮的话问道。

“嗯，吴忧你问得很好。”吴秀山答道，“这其实也是我们做鸳鸯调查想要解开的一个谜题。鸟类迁徙受到很多因素的影响，气候变化和环境变化都会影响鸟类对于栖息地的选择，乃至迁飞习性的改变。就近几年来北京鸳鸯数量的变化情况来看，有些人觉得是从南方迁徙来的，但有些人也认为一部分数量的鸳鸯就是在北京定居了，只是在京郊和城市公园之间短距离迁飞。这两种说法究竟哪种正确，我们现在还不能断定，也许还有其他的解释。”

“叔叔，我们参加鸳鸯调查就能够弄清楚北京的鸳鸯是从哪里来的吗？”兰兰问道。

吴秀山笑了笑说：“很有可能啊，也许你们鸳鸯别动队能够帮助大家找出答案呢！”

“真的吗？太好了！”几个小队员欢呼起来，他们心中那份前所未有的使命感油然而生。

下了高速公路，鸳鸯别动队离他们的目的地——怀沙河越来越近了。车行驶在山路上，一侧是陡峭的山间巨石，一侧是淙淙的溪流河水。从没在初春季节进过山的小队员们看见这陌生的风景既惊奇又兴奋。吴忧降下车窗想闻闻山里的新鲜空气，一股山风极快地钻进车厢。

“哇，好冷！”兰兰像针扎了一下般叫出声来。

吴忧赶忙把车窗又升上，惊讶地说：“山里还这么冷啊！现在咱们家已经很暖和了。”

庄壮壮说：“嗯，我感觉这儿的温度要比城里低五六度呢！”

辛梓也点点头说：“的确是冷，你看地上的小草才刚刚发芽，还是浅浅的一点儿绿色呢！”

吴秀山说：“山区的气温普遍要比我们市区低五六度，冬天的时候低得更多，最冷的时候有零下十几度。现在这个季节，有些河水背阴的地方结的冰都还没融化呢。城区的杨树柳树都已经长出新叶了。这里的树木还是光秃秃的，要等到四月底才能看到春天的景象。”

“人间四月芳菲尽，山寺桃花始盛开。”辛梓幽幽地说，“这就是诗里说的道理呢！”

吴忧趴在车窗旁有点担心地说：“爸爸，现在天气还这么冷，鸳鸯能来吗？我们这次来，会不会见不到它们啊！”

野外考察是在大自然中进行的一项艰苦的学习过程，它不是闲情逸致地游山玩水，而是需要付出巨大的体力和脑力的劳动。

吴秀山笑了笑说：“有可能会白跑一趟啊，这要看运气了。”

“啊？不要这样啊！”小队员们都开始心慌意乱了。

看见大家有点儿泄气的样子，吴忧定了定，老成地说道：“咱们这是来调查野生动物的，可不是去动物园里看动物那么简单。野外环境多么复杂啊，什么情况都有可能发生的嘛！”

吴秀山笑了笑说：“是啊，我们做野外工作就是这样的。起早贪黑、费尽心力却等不到研究对象的事情，对于我们来说是很常见的。可是即使看上去一无所获，我们还是能得到很多宝贵的资料。比如一些生境特点，当时的天气、水文情况，是否有人为因素的干扰，这里天敌是否众多，等等。这些数据都有助于我们日后的统计和分析。所以，选择了野外工作，就要淡然接受大自然一切可能的情况，并能从每一个细节中解读出现象背后的故事。”

吴秀山的话就像刚刚那股凉凉的山风，吹散了蒙在鸳鸯别动队上空的那团乌云，阳光又快乐地跳跃在孩子们的脸上。

4.3 探秘鸳鸯的家

车子驶下山路，在一处平缓的土地上停稳。“好了，队员们，我们到了！”吴秀山宣布：“这就是怀沙河流域的三渡河了。赵老师应该已经在等我们了。”

小队员们欢呼雀跃着下了车，站在原地扭腰伸腿、舒活着筋骨，为接下来的野外探险做好准备。

“秀山，你们来啦！你们好啊，同学们！”一个熟悉的声音从身后传来，是赵老师迈着轻快的步伐向他们走来。

“赵老师，您好啊！”吴秀山说。

“赵老师！赵老师！”小队员们一看到赵老师，纷纷围了上来。

“赵老师，您找到鸳鸯了吗？它们现在回来了没有啊？”吴忧迫不及待地问。

“是啊，是啊，赵老师，我们能见到它们吗？”庄壮壮也按捺不住地追问着。

“瞧你们急的。”赵老师笑着说，“我也是刚到，今年鸳鸯有没有来还得咱们一起去调查调查啊！”

“他们几个这些天就想着鸳鸯的事儿，一路上也是问个不停。”吴秀山笑着说。

“看得出来你们对鸳鸯都很感兴趣。”赵老师说，“你们都准备好今天的考察工作了吗，小组员们？”

“赵老师，我们小组有新名字啦，叫‘鸳鸯别动队’，是我……是我

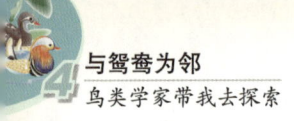

和辛梓一起想的！”兰兰骄傲地说。

“‘鸳鸯别动队’，是个好名字！”赵老师点点头说道，“那么，小队员们，今天的鸳鸯考察行动要正式开始啦！”

“是，明白！”小队员们异口同声地答道。

在赵老师和吴秀山的引导下，鸳鸯别动队开始了第一次野外任务。沿着一条崎岖的土路，他们一行人向山林深处走去。初春的脚步刚刚踏进这片宁静的山林，留下一处处深深浅浅的青草色脚印。冬天恋恋不舍离去，山坡上高高低低的树木依旧枝杈分明，还披着严冬里那件萧索的寒衣。缓缓的一涧溪水曲曲弯弯地流过，像是大山刚刚展开的惺忪睡眼。小队员们被眼前陌生的景色惊呆了，一个个屏着呼吸缓步前行，生怕惊扰了正要醒转的大山。

在一个溪流的转角处，赵老师攀上山坡举起望远镜向四下观察。小队

长着苇丛高草的河段也是鸳鸯经常活动的地方。这些苇丛是鸳鸯绝佳的藏身处。

员们紧随其后，也站了上来。

“赵老师，鸳鸯就生活在这里吗？”吴忧轻声地问。

“对，这里就是鸳鸯经常活动的地方。”赵老师说，“你们看，这里的水域溪流比较浅、流速缓慢，水边芦苇、香蒲这样的挺水植物较多，灌木丛也很茂密。现在这些灌木丛虽然还没有长高，但是草芽纷纷钻出土地，加上水中的鱼类、贝类，这些动植物都是鸳鸯喜欢的食物种类。而且水边又有板栗树、杨树、柳树等高大的乔木，很适合鸳鸯营巢。这样一个丰富多样又较为偏僻的生境，是很符合鸳鸯的生活需求的。”

“可是，赵老师，我还是想不明白，鸳鸯究竟是怎么在树上做窝的呢？是像喜鹊一样用树枝搭窝吗？”庄壮壮心中那个挥之不去的疑问又被点燃了。

“噢，当然不是的！”赵老师笑着说，“鸳鸯不会自己用树枝搭窝，

我要挑一个最隐蔽、最舒适的树洞！

它们利用树洞做巢。山区有很多高大乔木的树身都有树洞。这些树洞有的可能是虫蛀形成，有的可能是啄木鸟凿开的，还有可能是树枝断裂后断部向树干内腐蚀形成的。它们都是鸳鸯选巢址时的最爱。”

“我知道了，一定是树越多的地方越有可能是鸳鸯的家了！”兰兰自信地说。

“也不全对啊！”赵老师笑着摇了摇头，“鸳鸯选巢不但要有高度和大小合适的树洞，还要邻近水流。因为它们主要还是在水中活动，大小溪石密布的水流是鸳鸯栖息时最爱选择的地方。还有最关键的一点，人类活动的干扰要少。通常鸳鸯会在人迹罕至的水岸一侧选巢址，这样就可以利

僻静的溪流附近经常有鸳鸯活动。

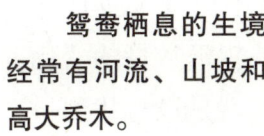

鸳鸯栖息的生境经常有河流、山坡和高大乔木。

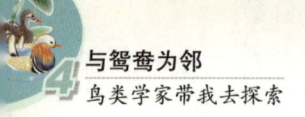

用溪水与河对岸的人类活动分隔开。所以说，鸳鸯对做巢址的树洞和周边环境的选择是非常挑剔的。”

“这么多条件啊！鸳鸯们是不是很难选到合适的巢啊？”辛梓担忧地说。

看出辛梓的小心思，赵老师耐心地宽慰着她：“别担心，辛梓，鸳鸯寻找巢址的能力是很强的。它们寻找巢址的能力中包括对生境的鉴别、对安全因素的判断，雌雄鸳鸯之间还有相互沟通配合的能力。对于它们来说，确定巢址是一个本能的过程。鸳鸯种群的生生不息，也能说明它们选择树洞作巢址是非常正确的。”

隐蔽性不佳的树洞巢很容易遭到天敌的破坏。

听了赵老师的话，辛梓的脸上微微露出了笑容。兰兰搂着辛梓的胳膊笑着说：“你呀，多愁善感的！鸳鸯选树洞做巢址自然就会有它们的本领咯！”

吴秀山也笑了笑说：“其实选巢址困难的不是鸳鸯，而是我们呢！”

“啊？为什么啊！”小队员们感觉很惊讶。

吴秀山接着说：“对于我们观察者来说，在野外寻找鸳鸯巢址是十分困难的。我们在怀沙河、怀九河流域进行了许多年的野外考察，可是时至今日还未发现鸳鸯孵化的确切巢址。”

赵老师也略显遗憾地说：“确实是这样的。近几年我们也从工作和生活在西水峪水库和怀沙河流域的当地群众那里得到了不少鸳鸯巢址的描述。这些描述和我们观察到的幼鸟情况，以及春秋季节鸳鸯数量的变化等，都说明在怀沙河、怀九河地区确实有鸳鸯在繁殖，但就是没有找到一个真正被鸳鸯利用的树洞。”

“野外调查比我想象的困难好多啊！”兰兰嘟着嘴说。

赵老师笑了笑说：“野外工作就是这样的，过程中充满了不确定性，也正因为如此才更具挑战性、更吸引人啊！找到野外鸳鸯确切的巢址只是我们鸳鸯调查工作中的一小部分，还有很多其他观察分析的工作。我们也并不是没有发现鸳鸯的巢，这几年在紫竹院和动物园我们已经找到了几个鸳鸯利用的树洞，而且也记录到很多鸳鸯选巢址、孵化和初飞的行为呢！”

“动物园、紫竹院，我们学校就在附近啊！”庄壮壮惊喜地说。

赵老师接着说：“正是考虑到你们的学校邻近两所公园，这次从怀柔回去以后，我想把动物园和紫竹院的鸳鸯日常观察工作交给你们鸳鸯别动队来完成，你们觉得如何？”

“噢，太好了，太好了！”小队员们欢呼起来！队长吴忧食指压在嘴唇上示意大家噤声，小队员们立刻会意地安静下来。

吴忧上前一步对赵老师说：“赵老师，您放心。我们鸳鸯别动队保证完成任务！”

赵老师微笑地点点头说：“那我们继续向前走，看看上游的情况。”

4.4 野外观鸟初体验

接到了新的任务，小队员们又重新燃起了斗志，紧跟在赵老师与吴秀山的身后。一路上大家虽然是在寻找鸳鸯，但有赵老师的引导和解说，则更像一次生动的野外观鸟课。

“你们听这个叫声，‘吱吱吱吱’小小的声音，这是银喉长尾山雀。那儿，它就在那儿！”赵老师停住脚步向前一指。

小队员们顺着赵老师的指引，果然见一只拖着黑色长尾巴的小鸟站在不远处的枝头上欢快地叫着。

“它长得可真好玩啊，圆乎乎、毛茸茸的。”兰兰欢喜地说。

“的确是，就因为它们像小猫脸儿的可爱样子和小猫似的叫声，老人们又给它们起了个名叫‘吱吱猫’！”赵老师笑着说。

认识了一位新朋友——‘吱吱猫’银喉长尾山雀后，小队员们格外开

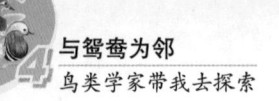

心，他们一个个瞪大了双眼、竖起了耳朵，寻找着新的伙伴。

“赵老师，您看这是什么鸟？”吴忧兴奋地像发现了新大陆，“那边石头上站着的，灰色黄肚皮的小鸟。”

吴忧发现的那只小鸟体型纤巧，头和背部是灰色的羽毛，腹部是鲜艳的明黄色。小鸟一下跳进溪流里，一下又跳回石头上，长长的尾羽不断地上下摆动。辛梓想了想，一边翻着手里的《野外观鸟手册》一边说：“我在书里看到过这种鸟，它的名字很特别，叫灰什么，那两个字我不会念，好像有个脊背的脊字在里面。”

赵老师笑着点点头说：“辛梓说得对，就是‘灰鹡鸰’。很多鸟类的名字都很有特点，是个鸟字旁加一个其他的汉字，这时候读半边往往就是那个组合字的发音了，比如‘鸬鹚’‘鹈鹕’，还有我们最想见到的‘鸳鸯’。不过也有的字不能这样念，‘普通䴓’的‘䴓’字是钱币的币加一个鸟，但却不念‘币’而念‘是’。”

“哇，鸟的名字还真是有趣呢！辛梓，你真厉害，过目不忘！”吴忧向辛梓竖起了大拇指。

辛梓害羞地说：“只是觉得它的名字很特别就多看了几眼手册，所以对它的样子有些印象。”

吴秀山拍拍吴忧的头说：“你要多向辛梓学习，做个有心人啊。”

“是，爸爸，我认识它啦！灰鹡鸰！”吴忧吐吐舌头。

鸳鸯别动队沿着小路继续溯溪前行，山林里的小精灵们纷纷现身和他们打个招呼。唱着“嘀嘀嗒嘀嗒”的北红尾鸲，戴着花头冠的戴胜，优雅娴静的小白鹭，还有成群结队的大山雀……看似宁静的山林间却生活着如此多种类的鸟。每一种鸟赵老师都能如数家珍一般讲出许多关于它们的有趣故事。

小队员们一个个看得目不暇接，听得津津有味，不知不觉已经过了正午时分。

沿路返回到三渡河下车的位置，赵老师对小队员们说：“我们现在去吃中午饭，然后安排大家住宿。下午咱们就去水长城看看，那里也是鸳鸯经常活动的地方。”

听了赵老师的话，小队员们这才觉得肚子饿了，开心地上车去吃午饭了。

吃过午饭，大家来到鸳鸯调查课题组经常留宿的农家小院安置休息。

银喉长尾山雀

雀形目山雀科的小型雀类。体长一般10～12 厘米，尾长约占或超过体长一半。生活在欧亚大陆各种环境的树林中，群居或常与其他雀类混居，以昆虫及植物种子等为食。

灰鹡鸰

雀形目鹡鸰科的鸟类，属中小型鸣禽，体长约19厘米。体型较纤细。经常成对活动或结小群活动。以昆虫为食。

北红尾鸲

雀形目鹟科红尾鸲属，小型鸟类，体长13～15厘米。栖息于山地、森林、河谷、林缘和居民点附近的灌木丛与低矮树丛中，主要以昆虫为食。

戴胜

佛法僧目戴胜科，其下只有一戴胜属两个种，即戴胜、大戴胜。头顶具凤冠状羽冠，嘴形细长。主要分布在欧洲、亚洲和北非地区，在中国有广泛分布。栖息于山地、平原、森林、林缘、路边、河谷、农田、草地、村屯和果园等开阔地方，尤其以林缘耕地生境较为常见。以虫类为食，在树上的洞内做窝。

大山雀

雀形目中小型鸟类，体长13~15厘米。整个头黑色，头两侧各具一大型白斑。栖息于低山和山麓地带的次生阔叶林、阔叶林和针阔叶混交林中，也出入于人工林和针叶林。主要以金花虫、金龟子、毒蛾幼虫、刺蛾幼虫、尺蠖蛾幼虫、库蚊、花蝇、蚂蚁、蜂、松毛虫、浮尘子、椿象、瓢虫、螽斯等昆虫为食。

小白鹭

鹭科白鹭属鸟类。为中型涉禽，体形纤瘦，全身白色，繁殖时枕部着生两条长羽，背、胸均披蓑羽。分布范围广泛，栖息于沼泽、稻田、湖泊或滩涂地。以各种小鱼、黄鳝、泥鳅、蛙、虾、水蛭、蜻蜓幼虫、蝼蛄、蟋蟀、蚂蚁、蛴螬、鞘翅目及鳞翅目幼虫、水生昆虫等动物性食物为食，也吃少量谷物等植物性食物。

上午的野外探秘还意犹未尽，鸳鸯别动队的小队员们休息了一小会儿就按捺不住想去水长城看鸳鸯了。

吴秀山看出小队员们急迫的心情，问道：“上午走了那么长的路，现在不累吗？”

“不累，叔叔，我们有的是力气呢！”庄壮壮兴奋地说。

“哈哈，看得出来，你们精力充沛啊！”吴秀山笑着说，“不过，午后这段时间鸟儿们也要休息了。”

“啊？鸟儿也有午睡的习惯啊！”兰兰惊讶地问。

“可以这么理解啊。”吴秀山接着说，“鸟儿们一天的活动也是有规律的，早晨和傍晚时分是鸟类活动的高峰期，中午活动的频次明显降低。我们观察鸟类时，一般都会选择一早一晚两个时间段，这时它们的各种行为活动是最丰富多样的。所以呢，我们现在先安心休息一下，今天下午和明天都还有很多路要走，我们要保证充足的体力啊！想睡午觉的去睡一会儿，睡不着的就像辛梓学习，看看书吧。”

听了吴秀山的话，小队员们乖乖地休息去了。下午四点，在赵老师的带领下，鸳鸯别动队向水长城进发。

4.5 惊鸿一瞥

一踏进黄花城水长城景区，小队员们就被眼前的景色惊呆了。一池沉静宽阔的湖水，环绕着的是绵延起伏的山峦，古长城就像一条沉睡的巨龙俯卧在这山脊之上。

“赵老师，这儿的长城有多少年的历史啊？为什么会修到湖水里面呢？”吴忧不解地问。

水长城

赵老师笑着解释说："这是明朝永乐年间修建的长城，据今已有六百多年的历史了。我们现在看到长城探到湖里其实并不是当年的样子，是因为修建水库大坝截流后水位上涨才没过了长城。在当年，这段长城不仅是京师的北大门，更是守卫明皇陵'十三陵'的重要门户呢！"

"嚯，原来这里还是一处军事要塞呢！这些长城看起来好坚固啊，一点儿也不觉得有六百多岁了！"庄壮壮感叹道。

"是啊，这里的长城主体为石条结构，保存至今仍然固若金汤。"赵老师接着说，"不光是明长城，湖对面长城脚下的板栗林也都是明朝时期就有的，好几棵板栗树都有六百多岁了！"

"六百多岁的板栗树，那不是该叫'板栗树爷爷'，哦不，'板栗树老神仙'啊！"兰兰惊叹道。

大家听了哈哈大笑，吴秀山打趣地说："那咱们现在就去拜访拜访'板栗树老神仙'吧！"

沿着山腰上的古栈道一路前行，不一会儿便来到了湖西畔的板栗树林。上一个秋天里落下的枯叶还铺在地上，踩在脚下沙沙作响。今春的新叶还没来得及长出来，仍然是一树树光秃秃的枝桠。

“赵老师，鸳鸯会在这片板栗林里选巢址吗？”吴忧问道。

赵老师答道：“听当地人说过，鸳鸯曾经在这片板栗林中营巢，他们还在板栗树洞里掏到过鸳鸯蛋。不光这片板栗树林，就连长城上的墙砖洞里都曾经有鸳鸯繁殖呢！不过最近几年我们始终没有在这里找到过鸳鸯的巢，也许是人为的干扰迫使鸳鸯向更隐蔽的山林深处寻找合适的树洞了。”

“赵老师，那我们是不是来得有点儿早啊？”庄壮壮问，“是不是应该等到鸳鸯繁殖季节再来找它们的洞呢？”

赵老师笑着说：“等到那时板栗树枝繁叶茂，我们找树洞就更难了！所以要趁树叶还没长出来时就来探查，发现有条件合适的树洞就要标记下来，日后进行跟踪调查。”

“噢，原来是这样啊！”庄壮壮点点头。

一对鸳鸯在枝繁叶茂的板栗树上纳凉。怀柔山区这些历尽沧桑的老板栗树见证着鸳鸯繁衍后代的生动故事。

飞过板栗树梢的一队鸳鸯。

辛梓摩挲着一棵高大的板栗树感叹道："要是这些'老神仙'能开口说话就好了，他们一定知道鸳鸯的巢在哪里。"

"快看，鸳鸯！"吴秀山伸手指向天空，只见两个矫健的身影快速地飞过天边，转眼就消失在山脊上的长城背面。

"飞得太快了！它们！""我还没看清楚呢！""真的是鸳鸯吗？"面对这突如其来的惊喜，小队员们一下子炸开了锅。

"从体型大小和振翅的频率来看，应该就是鸳鸯！"赵老师笑着说，"看来你们第一次野外行动就很幸运啊！"

"太好了，我们看到鸳鸯了，这可是在野外啊！"庄壮壮兴奋地说。

"真的是鸳鸯啊？只可惜我还没来得及看清它们的样子呢！"兰兰有点儿失落地说。

鸳鸯飞过雄伟的古长城。

“鸳鸯去哪儿了？我们还能再见到它们吗？”吴忧焦急地问，辛梓也睁大了眼睛，眼神里充满了渴望。

“这个时间有鸳鸯在活动，说明来这里繁殖的鸳鸯群应该已经到了。”赵老师说，“今年鸳鸯回来的时间比去年稍稍早了一些。明天我们可以从九渡河往下游看看，那里水流比较缓和，位置也比较偏僻，是鸳鸯经常活动的地方。”

“太好了！太好了！我们还能见到鸳鸯呢！”小队员们兴高采烈地欢呼着。

两只鸳鸯惊鸿一瞥的身姿，深深地烙印在大家的记忆中，让人久久回味。就像春天的细雨一般，无声的却带来温润的气息，滋养着心中的希望不断生长生长……

5 鸳鸯欢迎回家

第二天早上，天刚蒙蒙亮，小队员们就已经整装待发，准备开始新一天的考察了。因为今天赵老师要带他们去的地方，正是鸳鸯最有可能出现的九渡河流域。

清晨的山林里，早起的鸟儿已经开始欢快地歌唱了。鸟儿的歌声回响在山间，就像一支春天交响曲。精神饱满的小队员们脚步格外轻快，一想到即将再次见到鸳鸯，喜悦的心情中又平添了一丝紧张，浑然不觉脚下已经走过了很远的路。

5.1 一窥鸳鸯的私生活

就在一个溪流转角的坡道处，走在最前面的吴秀山忽然停住了脚步，转身摆摆手示意大家轻声缓行，嘴里无声地吐出两个字："鸳鸯！"

怀柔山区的溪流里，一对鸳鸯情侣安静地在河水中休息。

“鸳……”兰兰兴奋地刚要喊出来，身边的辛梓就赶忙捂住了她的嘴巴。

庄壮壮回过头狠狠地用眼神在她身上剜了一下子，吴忧也皱了皱眉，招了招手让她们跟上。

兰兰吐吐舌头，抱歉地笑了笑，拉着辛梓的手乖乖跟了上去。

小队员们轻轻地围拢在赵老师和吴秀山身旁，这个土坡地势较高，他们在坡上刚好能够观察到下方的鸳鸯，又不易被鸳鸯察觉。从坡上向远处眺望，果然看见一对鸳鸯正停在水面上。这一处区域比较隐蔽，河流经过这里时减慢了速度，汇聚成一小块水面。吴秀山架好了相机准备拍照，赵老师举起望远镜观察鸳鸯，小队员们也纷纷拿出望远镜和记录本。两只鸳鸯一雌一雄，正在湖面上悠闲地游着。雌鸳鸯在前，雄鸳鸯亦步亦趋。

“一会儿这对鸳鸯就要举行婚礼了！”赵老师轻声地对小队员们说。

小队员们一个个面露惊讶的表情，却大气都不敢出一声儿，赶紧举起望远镜，生怕错过了鸳鸯的一举一动。

果然如赵老师所言，浪漫的仪式开始了。柔美的雌鸳鸯首先伸展脖颈，以压低脖子贴着水面的姿势向雄鸳鸯传递出爱的信息。受到邀请的雄鸳鸯兴奋地昂首挺胸，头颈部流苏一样的羽毛如花朵般绽放开来。英俊的王子缓缓地凑近美丽的公主，它们面对面像跳舞一般在水面上转了几个圆圈。开场舞完毕，仪式便进入了高潮部分。雄鸳鸯低头用嘴轻快地点了几下水，雌鸳鸯也用同样的动作回应着雄鸳鸯。随着感情渐渐升温，雄鸳鸯游向雌鸳鸯身侧并跃到了雌鸳鸯背上。雌鸳鸯身体下沉，只将头露出水面。雄鸳鸯轻轻衔着雌鸳鸯枕部的羽毛，保持着身体的平衡。仪式结束，甜蜜的夫妻俩尽情地在水中洗澡并整理着羽毛。鸳鸯的整个交配行为都在水中进行，过程轻柔优雅，就好像水上舞蹈一般。

两只鸳鸯又在水中游了一小会儿，突然雌鸳鸯“呷”地轻唤一声从水面跃起飞向空中，雄鸳鸯也紧随其后飞走了，两只鸳鸯就这样形影不离地消失在了远方。

“哎呀，鸳鸯怎么飞走了啊？”“是啊，是啊，它们还能飞回来吗？”“鸳鸯可真美啊！”第一次如此近距离观察野外的鸳鸯，小队员们还意犹未尽。

吴秀山笑着说：“我们今天很幸运，见到了鸳鸯，还看到了它们的婚礼，这在野外很难得一见呢。”

每一次交配行为的开始，都是以雌鸳鸯率先发起的。它会轻唤伴侣，并伸长脖颈，平贴在水面上，示意雄鸳鸯。

雄鸳鸯准备从侧面跃到雌鸳鸯的背上。

雄鸳鸯轻轻咬住雌鸳鸯枕部的羽毛，尽力保持平衡。

交配结束后，雌雄鸳鸯会在水中尽情地戏水。

“哈哈，原来我们这么幸运啊！”兰兰笑嘻嘻地说。

“那它们飞到哪儿去了？我们还能找到它们吗？”庄壮壮有点儿着急地追问着。

“清晨和傍晚是鸳鸯活动的高峰时期，我想这会儿它们应该是去觅食了。”赵老师说，“咱们顺着河往下走走，应该能找到鸳鸯。”

听了赵老师的话，队长吴忧宣布说：“队员们，我们要向下游出发，今天一定能再找到鸳鸯！”

“好！”小队员们激动地答应着，一个个信心满满地迈开欢快的步伐。

5.2 原来你是大胃王

不光早起的鸟儿有虫吃，就连早起的孩子们都是被幸运之神眷顾的。果然在鸳鸯别动队向下游走出了一两公里后，就再次遇见了他们日思夜想的鸳鸯，而且还是一群——五对！

这是一处向阳的开阔水域，流水潺潺，充足的阳光滋养着茂盛的水生植物。五对鸳鸯两两成双，分散在这百余米长的溪流里，每对鸳鸯之间都保持着一定的距离，有了这道水面形成的天然屏障，河对岸的鸳鸯并不太在意这边的人为活动，悠然自得地在水中觅食休息。

吴秀山扛着相机寻找合适的拍摄位置，小队员们跟在赵老师身旁，举着望远镜一边观察，一边记录鸳鸯的行为。

通过望远镜观察了一会儿，吴忧发现鸳鸯在水中的动作很奇怪，它们总是先挺起胸脯，两只脚快速地在水下拨弄，翅膀也随着小幅却迅速地振动，然后就把头扎到水下。吴忧很好奇，抬起头问身旁的庄壮壮：“你看到了吗？鸳鸯在水里这样动来动去的，在干什么呢？”

“那当然是在洗澡嘛，先洗洗脚再洗洗翅膀，最后洗洗头。”庄壮壮一边说，一边还学着鸳鸯的动作，逗得身旁的小队员们捂住嘴笑弯了腰。

“你说得肯定不对啦！我们刚刚不是见过鸳鸯洗澡的嘛，它们可是全身都扎进水里的。”吴忧摇摇头说。

鸳鸯主要以水生动植物为食，在溪流浅滩处，它们踩脚鼓翅搅动起水中的浮游生物，然后再用喙滤食。

“还要往身上撩很多水，溅起很多水花呢！”兰兰分辩道。

“鸳鸯洗澡时动作幅度也要比现在这样大很多呢，我也觉得不是在洗澡。”辛梓也补充道。

赵老师听了小队员们的对话，微笑着说：“大家观察得都很仔细，把鸳鸯洗澡的动作都记得很清楚嘛！它们的确不是在洗澡，那是觅食的一种方法。”

“啊，这是在觅食吗？”庄壮壮吃惊地问，“它们在吃什么呢，没看到有吃的进它们嘴里啊？”

“的确看不到它们吃了什么，因为食物的体积很小，是一些水中的浮游生物。”赵老师接着说，“你们看，它们这样又踩脚又鼓翅的动作其实是要

一对鸳鸯在草地上取食。

春天的柳芽鲜嫩多汁，引得鸳鸯纷纷来品尝春天的滋味。

鸳鸯取食的食物种类很丰富，各种植物的嫩芽、种子、昆虫和水生动植物都是它们钟爱的食物。

溪流浅滩处水草密集的地方各种水生动物繁多，鸳鸯在这里大快朵颐。

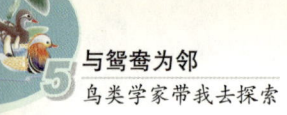

搅动起水底的生物。而像鸳鸯这样的水禽，它们嘴的边缘会有一列细密的像小牙齿一样的结构，可以用来过滤水中的食物。这样它们每一次把头伸进水中再抬起来时，那些混杂在水中的动植物就留在它们的嘴里了。”

“哈，原来这样啊，鸳鸯真聪明，还会‘浑水摸鱼’呢！”机灵的庄壮壮一点就通。

“嗯，有点儿这个意思。”赵老师笑着说，“鸳鸯的食性很杂，它们取食的食物种类相当丰富，水生、陆生植物的嫩芽、果实、种子、鱼、虾、蛙类、土壤里的各种昆虫等都是它们钟爱的食物。”

“哇，它们的胃口可真是好啊！您看，这么半天了它们都没停过嘴，一直不停地在吃、吃、吃！简直就是‘大胃王’！”兰兰惊叹道。

“哈哈，兰兰的比喻很有趣嘛！”赵老师笑了笑，“鸳鸯现在这样不停地吃其实是有道理的，它们是在为即将到来的繁殖季节积蓄能量呢。”

“积蓄能量？”吴忧想了想说，“赵老师，爸爸曾经给我讲过，雌犀鸟在孵化小犀鸟时，为了保护自身和蛋的安全，会用泥巴把自己封在树洞里，只留一个小口。雄犀鸟每天负责觅食，然后把食物从那个小口递进去喂给雌犀鸟吃。鸳鸯难道也是在树洞里一孵化就不出来了，所以趁现在要大吃特吃吗？”

山间溪流里觅食的两对鸳鸯。

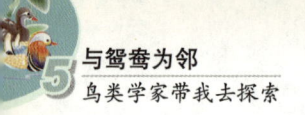

“吴忧知道的鸟类知识还真不少呢！”赵老师称赞说，“鸳鸯虽然也是在树洞里筑巢，不过还不会像犀鸟那样寸步不离。鸳鸯的孵化也是由雌鸳鸯独自承担的。每天清晨和黄昏，雌鸳鸯都会暂时离巢觅食，但时间不会太长，一个小时左右雌鸳鸯就会匆匆忙忙返回巢中，以防孵化中的卵温度降低出现异常。等到小鸳鸯出生后，雌鸳鸯还要负责照顾它们直到长大。一整个繁殖季节，雌鸳鸯会格外辛苦，能量消耗很大，所以它们要趁现在多吃，补充好体力。”

“鸳鸯妈妈可真辛苦啊，世上的妈妈都那么伟大！”辛梓感叹道。

5.3 化险为夷

小队员们安静地看着水中的鸳鸯们，此时此刻他们才明白鸳鸯们大快朵颐的现象背后，承载着的是繁衍生息这一艰辛而伟大的任务。这时，水中觅食的一对鸳鸯发现了岸边一处水草刚刚发芽的泥土地。于是它们游上岸，两只鸳鸯一前一后边走边低头采食着青青的嫩芽。突然间，像是出了什么状况。走在后面的雄鸳鸯像被什么东西绊住了，拼命地拍打翅膀却怎么也不能挣脱，嘴里发出惊恐的“嘎嘎”声。身边的雌鸳鸯被这意外吓到了，也“嘎嘎”地叫着，好像在询问伴侣的情况。河水中其他四对鸳鸯看到这一险象，迅速四散飞走了。被缚住的雄鸳鸯又挣扎了几下，但还是解不开束缚，又冲着雌鸳鸯叫了几声，像是在劝雌鸳鸯赶快逃命。眼见雄鸳鸯落难，但是为了保命，雌鸳鸯只能选择离去，留下雄鸳鸯独自面对危险。

这一险象也令正在观察鸳鸯的队员们紧张不已，恨不得马上冲过去解救那只被困的雄鸳鸯。

“好像是被什么东西绊住了，我过去看看，你们先在这儿等我。”放下手里的相机，吴秀山三步并作两步蹚过了齐膝深的河水到达对岸，一心系在那只受难的鸳鸯身上，全然不顾冰冷的河水湿透了鞋和裤子。

一见有人靠近，以为命在旦夕的雄鸳鸯吓破了胆地拼死挣扎着。它哪里知道来人是为了解救它的。

凭着几十年兽医工作的丰富经验，吴秀山干净利落地几下就将雄鸳鸯控制住。为了防止鸳鸯继续挣扎伤到自己，吴秀山一只胳膊将鸳鸯牢牢夹在腋下，另一只手解脱了束缚住鸳鸯的凶器—— 一张废弃的尼龙渔网。

吴秀山抱住雄鸳鸯又蹚水返回，他需要进一步检查一下这只鸳鸯的身体状况。

赵老师连忙走上前接过鸳鸯，小队员们也关切地围拢过来。雄鸳鸯睁着惊恐的眼睛，不敢叫也不敢挣扎。

吴秀山仔细地查看着鸳鸯的情况："翅膀骨骼完好，几根飞羽有损伤，倒无大碍。腿部有些出血，应该是被渔网束缚时造成的外伤，也不

严重。”

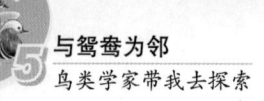

“那它还能飞吗？我们该怎么办呢？”吴忧担心地问。

吴秀山微笑着说：“我检查过了，它的情况很好。我们把它放飞就可以了。”

听了吴秀山的话，小队员们心中的大石算是落了地，脸上都露出了笑容。

赵老师微笑着对小队员们说：“不用担心了，咱们稍稍退后点儿，别让它太紧张，马上就可以放它自由了。”

小队员们迅速地向后散开，吴秀山动作轻柔地将鸳鸯放在地面上。在他松开手的一刹那，这只惊魂未定的雄鸳鸯显然没有预料到自己那么顺利地重获了自由，愣了一下才缓过神来，奋力地跃起，振翅向远方飞去了，只留下一串响亮的鸣叫声回响在山间。

“它真漂亮啊！哎呀，我都还没来得及摸摸它就飞走了，真可惜！”兰兰遗憾地叹了口气。

“可是我们救了它啊，这多有意义啊！”庄壮壮自豪地说。

“雌鸳鸯现在一定难过极了，它还不知道雄鸳鸯得救了。你说，雄鸳鸯能找到雌鸳鸯吗？”辛梓难过地说。

“放心吧，它们会团聚的。”赵老师安慰着辛梓说，“刚才雄鸳鸯飞走时发出的叫声就是在向它的伴侣传递信号呢，只要雌鸳鸯听到叫声就会回应它，这样它们就能够重逢了。”

“真的啊，太好了！”辛梓的脸上重新露出了笑容。

赵老师看到吴秀山的裤子和鞋已经湿透，连忙说：“秀山，这次真是辛苦你了！多亏有你，这只鸳鸯才躲过一劫啊！今天的工作也差不多了，山区的天气还很凉，我们先回去吧，过些日子再来看看鸳鸯的情况。”

吴秀山摆摆手说：“没什么，不过就是湿了湿鞋。就是有些担心鸳鸯们的处境，一条破渔网差点让它送了性命！”说罢，狠狠地攥紧了握在手中的渔网。

赵老师也轻叹了一口气道：“是啊，这几年怀九河流域人为的干扰越来越严重，鸳鸯们的处境也开始艰难了，看来我们需要对当地居民做更多的宣传教育才行啊！”

吴秀山点了点头，看到身旁的小队员们个个一脸凝重，不由得笑着宽慰他们说：“小队员们，我们这周的野外考察堪称幸运之旅啊！”

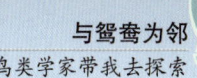

怀沙河和怀九河流域青山绿水，沿河路边兴建了许多度假酒店。夏季到来时，这里总是人流不断，对于繁殖期的鸳鸯来说，也是一个负面影响因素。

岸边低矮单一的植被也不适宜鸳鸯躲避天敌和人类的干扰。

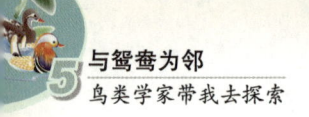

“幸运之旅？”小队员们有些不解地问道。

“对啊，幸运之旅！”吴秀山笑着解释道，“你们第一次来野外考察就有幸遇到了鸳鸯，这是不是一种幸运呢？还有，刚才那只落难的鸳鸯正好碰上我们才得救了，是不是也很幸运呢？不但得救了，它还没有因为挣扎弄伤自己，安然无恙地飞走了，这难道不是幸运吗？所以，我们这一次的考察就是两个字……”

“幸运！”大家异口同声地答道。愉快的笑声在山林间飘荡。

5.4 听爸爸讲鸳鸯的故事

回城的路上，小队员们依依不舍地目送远去的苍山绿水。两天的野外考察给小队员们留下了全新的印象。关于鸳鸯，小队员们有太多想要知道、想要了解的了。

“我觉得鸳鸯是最温和的动物了。那几对鸳鸯在河里觅食的时候是多么安静啊！”辛梓说。

“没错！”兰兰接过话，“安静又优雅，不像其他动物那样为了争夺伴侣打得热火朝天的。”

小队员们也纷纷点头赞同。

吴秀山听了不禁笑道：“别看鸳鸯现在很平和，雄鸳鸯之间的伴侣竞争也是相当激烈的呢！”

“啊？真的吗？完全看不出来啊！”小队员们惊讶地说。

吴秀山接着说：“动物生存的竞争压力是普遍存在的，鸳鸯也不例外。鸳鸯种群里，雌鸳鸯的数量要远远少于雄鸳鸯。要想顺利繁衍后代，残酷的竞争是一定要经历的。”

“叔叔，可是现在快要进入繁殖季节了，为什么只见到了一对一对的鸳鸯，却没看见有几只雄鸳鸯在一起竞争呢？”庄壮壮问。

吴秀山解释道：“据我们这几年的观察，雄鸳鸯们的求偶攻势在冬季集群时就已经开始了。经常会有一只或两三只雄鸳鸯追一只雌鸳鸯，或者两三只雄鸳鸯围着一只雌鸳鸯打斗的现象。最终胜利的雄鸳鸯会和雌鸳鸯组成家庭，等到春天时就会离群寻找合适的地方繁育后代了。”

几只雄鸳鸯紧紧地围绕着一只雌鸳鸯，希望用自己最出众的表现赢得佳人的芳心。

城市园林中的鸳鸯集群越冬时，雄鸳鸯就开始为争夺配偶上演求偶炫耀之战。

繁殖期面临其他异性介入时，雌鸳鸯往往最先向骚扰者发起抗议。

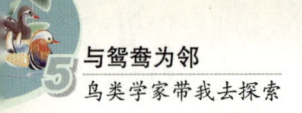

“爸爸，你说鸳鸯里雄多雌少，胜利的雄鸳鸯都成双成对了，那些打败了的雄鸳鸯都去哪儿了呢？我们怎么没看见它们啊？”吴忧问道。

吴秀山说：“新婚夫妇都离开大群了，那些落败的单身汉就会留在群体里。不过有些不死心的单身汉也会时不时地去别人的家庭里插上一脚。”

“那雄鸳鸯一定会毫不客气地教训它一顿，给它点儿颜色看看。”庄壮壮边说边左右开弓挥着拳头。

“给它教训不假。”吴秀山笑着说，“不过先出手的却是家中的铁娘子哟！”

“怎么会啊，雌鸳鸯看起来那么温柔！”兰兰惊叫道。

“是啊，而且那只雄鸳鸯还是来追求它的啊，要是出手也该是雄鸳鸯才对嘛！”辛梓说。

“在鸳鸯的世界里，雌鸳鸯可是有着绝对的主动权喔！”吴秀山笑着说，“不光在选择伴侣上，在寻觅巢址以及交配行为中都是雌鸳鸯占主动，雄鸳鸯在旁边配合。而且雌鸳鸯承担着绝大部分孵化和育雏的任务，它们可是相当有毅力呢！”

“天啊！雌鸳鸯真是太伟大了！”兰兰感叹道。

吴秀山笑着说：“这就是母爱的力量啊！和人类的妈妈一样，这份天性的爱，常常能使看似柔弱的母亲发挥出令人难以想象的意志力。”

“鸳鸯真是太吸引人了，叔叔，咱们什么时候还能来看鸳鸯啊，我都等不及想再见到它们了！”庄壮壮说。

“赵老师不是说紫竹院和动物园也有鸳鸯吗？还说让咱们参与调查呢！我们是不是可以跟您一起去看鸳鸯啊，爸爸？”吴忧兴奋地问。

“是啊！”吴秀山笑着说，“明天早上咱们就可以行动啦！前期在动物园观察时，我们发现了几处鸳鸯可能做巢的树洞，运气好的话，明天咱们也许能看到鸳鸯选巢址呢！”

“太好了，太好了！”小队员们欢呼起来。

“我们明天几点集合？叔叔！”庄壮壮着急地问。

“看把你急的。”吴秀山说，“明天早上我们要早点出发，因为你们还要上学。咱们最好七点前进动物园，观察半个小时，七点半去学校。又要辛苦大家早起了，能克服吗？”

“当然可以，没问题！”小队员们信誓旦旦地答道。

“好！那咱们明天早上就去看鸳鸯吧。”吴秀山笑着说。

一路上大家欢歌笑语，双休日两天的野外鸳鸯探秘给小队员们留下了许许多多的惊奇和感动。大家你一言我一语，分享着各自的心得和体会，同时也无限憧憬着明天又能见到美丽的鸳鸯。到家时，大家还意犹未尽，互相依依不舍地道别。

6 春天里百花香 鸳鸯家族繁衍忙

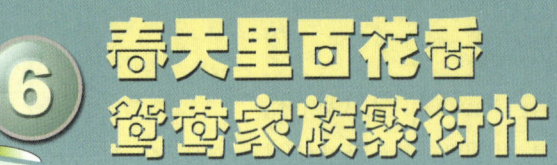

周一早七点，小队员们准时在动物园门口集合。鸳鸯的魅力果然是惊人的，连爱睡懒觉的吴忧都自觉地早早起床，没用爸爸叫醒。

由于还没到正式开园的时间，门口还是门卫值守。吴秀山领着小队员们和门卫打了个招呼，门卫笑盈盈地说：“吴老师，您来看鸳鸯啦！这回还带着学生来的啊？”

吴秀山笑着说：“是啊，别看他们年纪小，现在都已经是我们考察组的成员了！”

门卫赞叹道：“哟！这么厉害啊，小小年纪就开始做科研，以后都是科学家啊！”

听了门卫的话，小队员们都感到无比自豪。早起的困意也被此时的骄傲感一扫而光，一个个脸上露出灿烂的微笑。

别过门卫，小队员们跟随吴秀山一起去考察组前期确定的鸳鸯巢址。刚过七点，除了几个晨练的老年人，动物园里还没有游人，四处静悄悄的。只有喜鹊和乌鸦在头顶飞过，远处传来东鹤岛上悠扬的鹤鸣。小队员们经过金丝猴馆，小金丝猴好奇地跳下栖架凑近来一探究竟。庄壮壮看见小猴靠近，调皮地趴在玻璃墙上，张牙舞爪逗着小猴。小猴也兴奋地上蹿下跳起来。队长吴忧回过头看见溜号掉队的庄壮壮，气呼呼地跑回来，对着壮壮的屁股给了一脚。

“哎哟！”吃痛的庄壮壮捂着屁股连忙转过身。

“不想看鸳鸯了？还玩儿！”吴忧严厉地说。

“Sorry，Sir！不玩了，不玩了！”庄壮壮吐吐舌头说。

“快点跟上吧，咱们时间有限！”吴忧说完，俩人快步赶上了大部队。

6.1 家园保卫争夺之战

吴秀山带着鸳鸯别动队来到了一处小山坡，这里林木茂密、人迹罕至。山坡下面就是人工湖，水面宽阔，各项环境条件都很符合鸳鸯选择巢址的标准。

吴秀山举起望远镜观察了一下四周，忽然伸手指着不远处的一棵杨树，轻声说：“你们看，那棵树上站着一只雄鸳鸯，旁边有个树洞，我猜雌鸳鸯应该正在树洞里呢！”

一听有鸳鸯，小队员们一下子兴奋起来，纷纷举起手中的望远镜寻找目标。

“哇，真的有一只雄鸳鸯啊！”“哪儿呢，哪儿呢？”“就在前面那棵树上嘛！”“我怎么看不清楚啊！”“哎呀，你望远镜拿反了！”“噢！噢！我看见啦，真的是一只雄鸳鸯啊！”

一番七嘴八舌的对话过后，小队员们都锁定了他们的目标——正站立在树枝上的雄鸳鸯。那只雄鸳鸯显然已经发现了这边叽叽喳喳的小队员们，但它并没有飞走，只是守在树洞旁警觉地观察着四周，轻轻地发出

站在枝头的雄鸳鸯，脚趾上的钩状趾甲清晰可见。

进入产卵期后，雌鸳鸯会每隔一天产卵一枚，直到产卵完成后才开始孵化。每天清晨雌鸳鸯进洞产卵时，雄鸳鸯就在附近的树枝上等候，充当警卫。

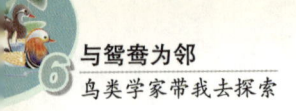

“嗤啊、嗤啊”的叫声，像是给谁传递着口信儿。

“爸爸，雄鸳鸯站在那儿干什么呢？真的会有雌鸳鸯在树洞里吗？”吴忧轻声地问。

“我前几天就观察到有几对鸳鸯来探过这个树洞。”吴秀山答道，“你看，这只雄鸳鸯守在洞口，还时不时地叫几声，应该就是给雌鸳鸯站岗放哨呢！”

“叔叔，那树洞里面的雌鸳鸯会不会正在孵小鸳鸯呢？”兰兰问道。

“现在应该还没有进入鸳鸯的孵化期。”吴秀山答道，“而且如果雌鸳鸯正在孵化，雄鸳鸯是不会在洞口一直守着的。因为雄鸳鸯羽色艳丽，天敌会很容易发现它，这样对树洞里的雌鸳鸯来说反而会更加危险。雄鸳鸯现在站在树枝上等着，可能是雌鸳鸯正在选巢、准备产卵呢。”

吴秀山话音刚落，果然就见到一只雌鸳鸯从树洞里挤了出来。雄鸳鸯见雌鸳鸯出了树洞，也把头探进树洞里看了看里面的情况。似乎对这个树洞很满意，两只鸳鸯站在一起“嗤啊、嗤啊”叫了几声，像是交流着选巢的意向。

小队员们正看得津津有味，突然听到树枝间呼啦啦一阵响动。

争巢的行为更多地发生在城市园林里，这里空间有限，适合筑巢的天然环境比较少。

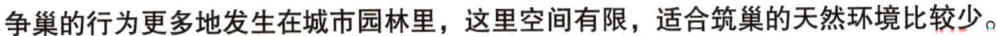

“喂，又来了一对鸳鸯！”庄壮壮激动地说。

大家定睛一看，果然看见一对新来的鸳鸯站到了离树洞不远的树枝上。

“这下事儿大了，它们不会也是奔着这个树洞来的吧？”吴忧瞪大了眼睛问道。

“你说对了，它们就是来争树洞的。”吴秀山肯定地说。

不出所料，巢洞争夺之战一触即发。占巢的雌鸳鸯率先对入侵者发起了攻势，只见它不停地伸长脖子恐吓靠近的那对鸳鸯。但显然入侵者并不打算轻易放弃，继续向树洞靠近。事态愈趋白热化，这时候占巢的雄鸳鸯也前来助阵。对于胆敢觊觎它们选中的树洞的其他鸳鸯，这对夫妻毫不客气地一边伸颈咆哮，一边鼓翅驱赶，不让入侵者再靠近半步。眼见对方抵抗顽强，后来的这对鸳鸯便不再向前，识相地双双飞走，寻找下一个目标去了。战胜的鸳鸯夫妻，仰头鸣叫了几声，像是宣示着自己的胜利一般。

6.2 一屋难求——生存的压力实在大

鸳鸯总能在不经意间显示出它们惊人的一面，看似美丽温婉的外表下是一颗勇敢坚毅的心。这一场紧张又激烈的夺巢大战让小队员们看得惊心动魄。无奈时间飞逝，鸳鸯别动队该去上学了。

“鸳鸯看起来那么安静又温柔，没想到打起架来真挺厉害呢！”兰兰说。

“那当然啦，这可事关重大啊！要是没有巢，它们上哪儿去孵小鸳鸯啊！”吴忧说。

“的确如此。”吴秀山点点头说，“城市园林里适宜鸳鸯筑巢的天然树洞数量很有限。你看着合适的，别人也觉得合适啊。所以鸳鸯需要奋力争夺树洞，才有机会顺利地繁育后代。”

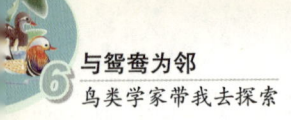

“原来是这样啊，那没有找到合适树洞的鸳鸯不是很可怜吗？它们是不是都没有机会繁育下一代了？”辛梓担忧地问。

吴秀山说：“很有这种可能啊。如果树洞条件不好，比如周围环境不够隐蔽、树洞距离地面高度不足、树洞口的朝向不佳、树洞的深浅不合适等等，有一条不能满足筑巢的要求，都可能导致这一季鸳鸯繁殖任务失败，严重的话还会给鸳鸯自己招来杀身之祸。”

“哇，这么严重！房子选不好也会要命的啊！”庄壮壮吃惊地说。

“难怪刚才那对鸳鸯那么拼命地护着它们看中的巢呢！要是让别人占了，它们一年的希望就没有了啊！”兰兰感叹道。

“在树洞里筑巢真的好难啊。”吴忧说，“爸爸，为什么鸳鸯要在树洞里筑巢啊，像大雁那样在地面上筑巢不是容易多了，可以筑巢的地方也好找嘛！”

吴秀山笑着答道：“鸳鸯选择树栖的生活习性也有它们的道理啊！看

雌鸳鸯每次出巢也需要奋力挤出来。

鸳鸯选中的巢洞有的深达一两米。鸳鸯的脚趾前端长有锋利弯钩般的趾甲，这可是它们在树洞内攀爬的好工具。小鸳鸯天生就长有趾甲，这才使它们能够爬出树洞跟随妈妈离去。

似选择树洞筑巢要比在陆地上困难得多，但是鸳鸯只要找到合适的树洞，以树洞筑巢的优势可是远远高于地面巢的。鸳鸯的巢洞无论从保暖性、保湿性还是遮蔽程度来说，都要远远好于地面巢。不出意外的话，同样是一窝卵，鸳鸯卵的孵化成功率也要高于其他雁鸭类的地面巢。”

“原来是这样啊！这下我明白鸳鸯为什么在树上筑巢了。”吴忧点点头说。

“不光是卵的孵化成功率高，树洞巢还有一个最大的优点就是安全。”吴秀山继续说，“树洞的特点就是隐蔽性高，像猛禽、蛇、黄鼬等鸟类常见的天敌很难发现这些隐藏在树干里的巢。鸟类在孵化期往往是最容易受到天敌攻击的，轻的损失掉一窝卵，当年的繁育计划失败；严重的可能连雌鸟都性命不保。鸳鸯把巢选在树洞里，就机智地避开了天敌的迫害，使得鸳鸯卵能够顺利孵化，这可是向着繁育成功迈出了一大步啊！”

“既舒适又安全，鸳鸯的树洞巢原来是个安乐窝呢！鸳鸯可真是聪明啊！”辛梓笑着说。

“是啊，这就是进化的功劳啊。在雁鸭类的水禽中，鸳鸯是极少数的树栖鸟类。远在北美洲还有鸳鸯的一个远房亲戚叫作林鸳鸯，它们的生活习性和咱们的鸳鸯极为相似，而且长得也非常漂亮。”吴秀山说。

“林鸳鸯长得什么样子啊？它们也和鸳鸯一样在树洞里筑巢啊？”庄壮壮好奇地问。

此时一队人不知不觉已经走到了学校门口。吴秀山笑着对小队员们说：“这些我们以后慢慢讲，关于鸳鸯还有好多故事呢！今天你们先去上学，明天早上咱们准时集合再去看鸳鸯好吗？”

“好啊，好啊，保证准时集合！”小队员们异口同声地答道。和吴秀山挥手道别后，鸳鸯别动队就愉快地跑进了校门。

6.3 新发现 新希望

一连四天，鸳鸯别动队每天都会出现在动物园。在吴秀山的带领下，小队员们接连观察了几处鸳鸯可能筑巢的地点，也发现了有鸳鸯成双成对去检视树洞。不过到底这些树洞有没有被鸳鸯看中，光靠小队员们每天的

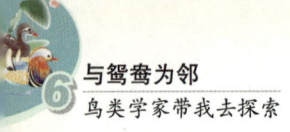

观察还很难判断。于是鸳鸯调查组决定双休日在全动物园范围内，对鸳鸯有可能利用的树洞进行一次大排查。

周六是鸳鸯调查组开展工作的重要一天。一大早，与鸳鸯别动队的小队员们素未谋面的鸳鸯调查组成员也来到了现场。

“吴老师，您好！呦，这几位就是我们调查组的小队员吧！你们好啊！”一位年轻的姑娘笑容满面地走了过来。

“小李，你好啊！”吴秀山笑着和她打着招呼，随后向小队员们介绍说，“这位是我们调查组的小李老师，也是我的同事，小李老师负责鸳鸯的行为观察和数量记录。”

“小李老师好！”小队员们很开心地问好。

“你们好！”小李笑着

说，“听吴老师说，你们小队还有个特别炫酷的名字呢！”

“叫‘鸳鸯别动队’！”吴忧自豪地说。

“‘鸳鸯别动队’，果然很酷喔！”小李点点头说，“你们每天早上先观察鸳鸯再去上学，很辛苦吧？我给你们这份坚持的毅力点赞！”

得到了别人的赞许，小队员们一个个笑逐颜开。

“秀山，你们来了！”一个熟悉的声音从大家身后传来，是赵老师正向他们走来。

“赵老师好！”再次见到赵老师，小队员们兴奋地连忙问好。

“你们好啊，小队员们！”赵老师笑着拍了拍孩子们的肩膀。

“赵老师，我们发现了好几处可疑的鸳鸯树洞呢！”“我们还看见鸳鸯怎么挑选树洞呢！”“它们还打架呢，是为了争树洞打架的！”小队员们七嘴八舌地把赵老师围在了中间。

赵老师连忙笑着回应道：“看来这几天你们的收获很大啊！做行为观察不容易，天天早起你们也很辛苦吧？”

“不辛苦，不辛苦！早晨起来看鸳鸯太有意思了！”吴忧开心地说。

“没错！而且我最不爱睡懒觉了，每天妈妈叫我第三次我准起床！”庄壮壮骄傲地说着，却把大家逗得哈哈大笑起来。

赵老师笑着说：“你们这几天做得非常好，希望你们再接再厉。吴老师已经把这几处树洞的情况给我介绍过了，我刚刚也看过了你们发现的那几处树洞，有些树洞确实挺符合鸳鸯巢洞的特点。一会儿我们要实地检查一下，确定的鸳鸯巢洞就是我们下一步观察鸳鸯繁殖行为的目标。”

“实地检查，是要我们上树检查树洞吗？”吴忧好奇地问。

“难道要爬树？这个……我不太在行啊！”庄壮壮为难地说。

“看你那样儿也知道你不行！”兰兰指着壮壮圆鼓鼓的肚子笑着说，“上树当然得用梯子啊！”

“梯子恐怕也不行吧！那棵大杨树上的树洞怎么说也得有七八米高呢，一般的梯子哪里够得到啊。”辛梓担忧地说，“除非，是那种带云梯的消防车还差不多！”

“嗯，辛梓说得非常正确！”吴秀山竖起大拇指赞许地说。

“啊，爸爸！真的用消防车来检查树洞啊？”吴忧瞪大了眼睛问。

“虽然不是消防车，但是也差不多喔！”吴秀山笑着说。

正说着，一辆黄色的作业车缓缓向他们驶来，宽大的车斗里是一架折

在北京动物园里，利用园艺队用来修剪树木的升降车检查园区内鸳鸯可能营巢的树洞。

这个天然树洞里已经有5枚卵了。但经仔细检查发现，几枚卵已经凉透腐败，还有两三枚残破的蛋壳。不知道是何原因造成了这窝鸳鸯的弃巢。

叠的升降箱。

“爸爸，这是从哪儿弄来的升降车啊？”吴忧欣喜地问。

“这个啊，是用来修剪树木的作业车。我跟园里沟通过，园长知道我们鸳鸯调查组今天要检查树洞，特别从园艺队调了一台车专门协助我们做调查用的。”吴秀山笑着说。

“哇，太酷了！”小队员们惊呼着。

作业车停到大家跟前，一位年轻小伙子从车厢里跳下来，手中拿着一捆黑色的电线，笑着向大家打着招呼：“赵老师，吴老师，早上好！小队员们好啊！”

“小崔你好！”吴秀山一面问好，一面向小队员们介绍，“这位是我们调查组的崔老师，他负责数据的采集和分析工作。”

看见崔老师手里握着的那捆黑线，吴忧好奇地问道：“崔老师，您拿的是电线吗？这是做什么用的？”

在北京动物园为鸳鸯巢安置监测温度记录仪，用来记录鸳鸯孵化过程中的温度变化。

崔老师笑着说：“这个是温度记录仪的导线。我们一会儿确定了鸳鸯巢后，就将温度记录仪安装在巢里，这样就可以记录到鸳鸯孵化过程中洞内温度变化的数据了。”

听了崔老师的解答，小队员们纷纷点头。

吴秀山笑着对大家说：“现在一切准备就绪，我们开始今天的调查工作吧！”

“好啊，好啊！”想着马上就能揭晓鸳鸯的巢洞之谜了，小队员们个个欢呼雀跃起来。

调查组检查的第一个树洞是一棵临水的垂柳树洞。这个树洞距地面高

利用高架车检查动物园内鸳鸯利用天然树洞的情况。

度四米左右，洞口朝南正对着水面。从小李老师的观察记录来看，她数次记录到有鸳鸯来探视这个树洞。结合各方面条件分析，这个树洞都极有可能成为鸳鸯的巢洞。

吴秀山背着相机乘上作业车的升降箱缓缓地向树洞靠拢，准备拍摄树洞内的影像资料。在没有确定是否已经有鸳鸯在树洞里孵化之前，小队员们大气都不敢出一声，生怕惊扰到洞中的鸳鸯。

升降箱稳稳地停在洞口旁，吴秀山小心翼翼地打着手电向洞内望去。小队员们紧张的心已经提到嗓子眼儿了，满怀期待地等着吴秀山为大家揭晓洞内的秘密。

吴秀山回过身，笑容满面地冲着大家竖起了大拇指。首战告捷，的确是鸳鸯的巢洞！随后，吴秀山举起相机拍摄下树洞内部的情况，示意司机师傅降下升降箱。

雌鸳鸯外出觅食的时候，会用一些巢材，比如绒羽、枯叶等将卵盖住，起到了保温和防止天敌发现的双重作用。

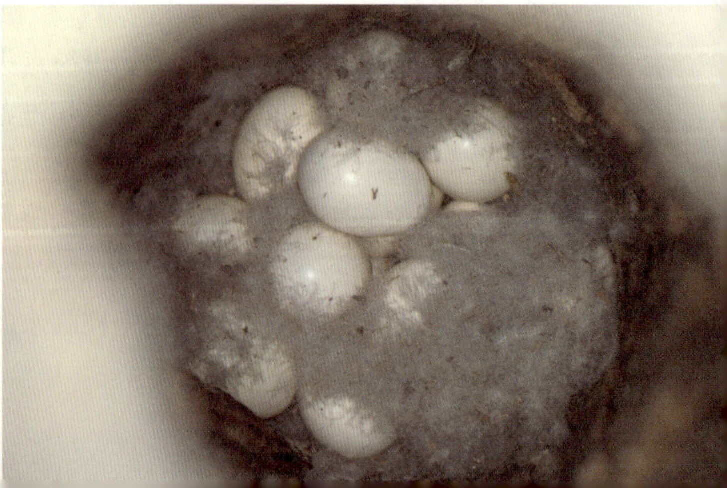

吴秀山刚一跳下升降箱，小队员们就将他团团围住，争先恐后地问个没完：“叔叔，洞里面有鸳鸯蛋吗？”“鸳鸯是不是正在孵卵啊？”“有几个蛋在洞里面啊？”

吴秀山笑着说：“别急别急，这是鸳鸯的巢洞没错，洞口距离洞底的鸳鸯巢大概有半米多深。不过雌鸳鸯现在不在，里面有十几枚卵。你们看，这就是洞里的情况。”说完，他把拍摄到的树洞照片回放给大家看。

小队员们早已按捺不住激动的心情，齐齐地凑到吴秀山身旁。照片上一窝洁白光亮的卵清晰可见，仔细数数大概有12枚，卵上还盖着一些毛茸茸的灰色羽毛。

“哇，太有趣了，鸳鸯真的把卵产在树洞里啊！”兰兰兴奋地叫了起来。

“那当然啦，我早就知道的！”吴忧得意地回过头对庄壮壮说，“这下你‘眼见为实’了吧，哈哈！”

庄壮壮开心地说：“必须的啊！”

辛梓也激动地笑着说：“真不可思议，我们居然找到鸳鸯巢了呢！”

吴秀山笑着对小队员们说：“开心吧？有付出就有收获啊！”说完他把相机拿给赵老师看，“赵老师，您看。我觉得这窝鸳鸯的卵已经开始孵化了。”

赵老师端详着照片，点点头说：“应该是进入孵化期了。”

吴忧疑惑地问：“爸爸、赵老师，你们是怎么判断鸳鸯开始孵化的啊？”

赵老师笑着说：“鸳鸯产卵时，隔天产一枚，直到产下最后一枚卵才开始孵化。通常情况下，鸳鸯一窝产卵的数量在8到14枚之间不等。从照片上看，这窝鸳鸯卵的数量大概是12枚，符合正常的窝卵数。而且你们看，这窝鸳鸯卵上还覆盖着一层绒羽，这也是判断这窝卵已经进入孵化期的信号啊。”

“对啊，对啊，是有好多羽毛呢！赵老师，这些羽毛是干什么用的啊？”庄壮壮好奇地问。

赵老师笑着解释道：“这些羽毛主要是用来给卵保温的。进入孵化期后，雌鸳鸯一天中的绝大部分时间守在树洞中孵卵，只在清晨和傍晚时分出洞觅食一小时左右。在外出觅食的这段时间，雌鸳鸯会用一些类似绒羽、枯叶这样的巢材将卵盖住。这样的遮盖既可以给卵保温，不至于使卵在雌鸳鸯外出期间过快变凉，同时也能避免卵过于暴露被天敌发现，起到了双重保护的作用。”

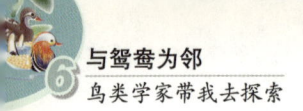

“赵老师，您说的巢材是什么啊？它们是做什么用的呢？”辛梓问道。

“巢材啊，就是鸟类筑巢时需要的各种材料。鸳鸯选择绒羽和枯叶这类柔软蓬松的巢材铺垫在树洞中，既可以保温，也能防止卵被损坏。”赵老师说。

“您说的枯叶好找，遍地都有，可是这毛茸茸的羽毛鸳鸯是从哪儿找来的呢？”兰兰不解地问。

赵老师笑着说：“这些啊，可都是雌鸳鸯从自己身上拔下来的绒羽呢！”

“天啊，那么多的羽毛，都是鸳鸯自己拔下来的啊！”兰兰惊叫道。

“不仅鸳鸯，许多鸟类会用自己的羽毛做巢材。”赵老师接着说，“这些鸟类在孵卵期间，胸腹部羽毛会自动脱落，裸露出的皮肤也会增厚变皱，这是孵卵斑。孵化过程中雌鸟裸露的皮肤直接接触到卵，确保了妈妈的体温能够更有效地传递到孵化中的卵。不过，雁鸭类的水鸟一般不会

鸳鸯进入孵化期后，会从自己身上拔取大量的绒羽铺垫在窝中，以给卵保温。清晨发现的这只雌鸳鸯胸部的羽毛凌乱，可能正在孵化期。

有特别明显的孵卵斑，只是胸部绒羽会显得有些凌乱。可能是因为它们经常要在水里活动，光肚皮接触冷水总是很难受的吧！”

“哈哈，这倒也是！”小队员们笑着附和。

“我觉得当妈妈都很辛苦啊，为了宝宝付出那么多！”辛梓感慨地说。

大家听了都赞同地点了点头。正说着，小崔从作业车上跳下来。他已经把温度记录仪安装在鸳鸯巢洞里。

“赵老师，温度记录仪已经安装完毕了，是不是还需要安装监视器呢？”小崔问道。

赵老师看了看时间，说道：“今天先不装，一会儿观察雌鸳鸯回巢后的反应。周围环境变化太大，可能会刺激到雌鸳鸯造成弃巢。”

接着赵老师转过身对小李说：“看时间估计雌鸳鸯就快回来了。小李，你留在这儿等一等，观察一下雌鸳鸯回巢的情况。我们先去检查下一处树洞。”

“好的，赵老师！”小李爽快地答应道。

“赵老师，我们下一个检查哪个树洞啊？”吴忧问道。

赵老师对小队员们说：“我们现在去检查那棵杨树上的树洞，就是你们之前看到有两对鸳鸯争巢的那个。”

“太好了，真希望有鸳鸯选中那个树洞！”兰兰笑着说。

“对啊，也不知道是哪对鸳鸯最后赢得那个树洞呢！”辛梓也笑了起来。小队员们迈开欢快的步子向着下一个目标跑去。

6.4 蛋塔蛋塔！

鸳鸯调查组来到了曾经发现鸳鸯争巢的杨树下，大家各负其责开始了树洞检查前的准备工作。吴秀山指挥作业车停到树下指定位置；小崔忙着整理好温度记录仪和进行数据记录；小队员们围在赵老师身边，满怀期待地看着吴秀山站在升降箱内缓缓地向着目标树洞靠近。

升降箱稳稳停住，吴秀山举起手电筒小心翼翼地向洞内望去。刚看了一眼，吴秀山就向大家竖起了大拇指，果然又是一窝！

小队员们见了高兴地跳起来，迫不及待地等着看吴秀山拍下的巢洞照片。可是吴秀山观察了许久，又举起相机调整着角度拍摄，好半天也不见他有下来的意思。

“不会是有什么情况吧？”吴忧嘀咕道。

“真急人啊，好想上去看看到底怎么回事！”兰兰焦急地说。

赵老师笑着安慰他们说：“别担心，也许有惊喜呢！”

过了一会儿，吴秀山示意升降箱下降。脚刚一沾地，小队员们立刻围上前来。

“爸爸，你那么久都不下来，上面什么情况啊？”吴忧连忙问道。

“是有什么不好的事情发生吗？”辛梓担忧地说。

吴秀山笑着说：“情况的确是有的，不算好也不算坏，很特别！”

“啊？不好不坏，这是什么意思啊？”兰兰问道。

“叔叔，洞里到底发生什么事情了，快给我们看看照片吧！”庄壮壮着急地说。

吴秀山笑了笑，把相片回放给大家看。兰兰看了一眼，立刻笑逐颜开地说：“真的是一窝卵呢！一个个白白净净的，你们看多漂亮啊！”

辛梓仔细地看过照片说：“叔叔，这窝卵看起来很正常啊，没看出有什么特别的情况啊？”

庄壮壮和吴忧看过照片，也没有找出有什么奇怪之处，所有人的目光最后都汇集在正拿着相机端详的赵老师身上。

赵老师看着照片，又放大了细节仔细端详了一会儿，笑着对大家说：“嗯，的确很特别！”

听了赵老师的话，小队员们的好奇心迅速膨胀成一个快要爆炸的气球。急得大家又接过相机努力地寻找着照片中的特别之处，可是左看右看，除了一窝卵，再没有发现什么奇怪的地方。

“赵老师，您说的特别地方在哪儿呢？我们怎么都没发现啊！”吴忧着急地问道。

赵老师笑着说：“这的确是一窝鸳鸯的卵没错，不过你们有没有注意到这窝卵的数量有什么不一样吗？”

“数量？我来数数看，1、2、3……”吴忧抱着相机对着屏幕上的照片一个个数着。

赵老师问道：“鸳鸯正常一窝卵的数量你们还记得是多少枚吗？”

“我知道！是8到14枚！”庄壮壮抢着答道。

赵老师笑着说：“没错，正常情况下鸳鸯一窝卵的数量在8到14枚之间。”

“赵老师，我数过了，照片上看得到的有16枚卵，挡住的地方还有，树洞里真正的数量肯定不止16枚！”吴忧像发现了新大陆一样激动地说。

“真有这么多啊？快让我看看。”“1、2、3……哇塞，真的有16枚啊！”“还不止呢，你看下面好像还有啊！”小队员们兴奋地议论起来。

“秀山，实际情况你比较清楚，你看这个巢是不是就是‘堆巢’？”赵老师问道。

吴秀山肯定地说：“应该是‘堆巢’，表面上看到16枚，底下至少还有两层卵，这么算至少也有30枚卵。”

“赵老师，什么叫‘堆巢’啊？”吴忧不解地问。

“我们都知道，鸳鸯正常的窝卵数是8到14枚，超过16枚时就叫这个巢为‘堆巢’，堆积的‘堆’。”赵老师答道。

“吴叔叔刚才说这窝鸳鸯卵少说也有30枚，怎么会有这么多啊？”兰兰问道。

赵老师笑了笑说：“一只鸳鸯可产不了这么多卵，最少有三只雌鸳鸯在这个树洞里产下了卵呢！”

“啊，三只鸳鸯！”小队员们听了大吃一惊，一个个露出了

错愕的表情。

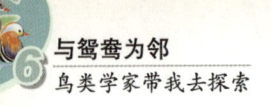

赵老师继续解释道："鸳鸯在产卵期间隔一天会产下一枚卵，一直产满12到14枚卵时才开始孵化。雌鸳鸯产完卵就会离开巢洞，和雄鸳鸯到别处觅食休息。直到第二天清晨它才会返回巢洞中产卵，然后再离开。有时候由于适合筑巢的树洞非常有限，几只雌鸳鸯可能同时看中了一个树洞，它们都希望能够占据这个巢，于是就将卵产在了一起。这样就出现了'堆巢'的现象。"

"哈，原来是这样啊！那鸳鸯妈妈能分得清哪些是自己的卵吗？那么多只雌鸳鸯，由谁来孵这些蛋宝宝啊？"兰兰好奇地问道。

赵老师接着说："雌鸳鸯肯定是分不清哪些是自己的蛋宝宝了。进入孵化期后，只能有一只鸳鸯孵化这些卵。经过数轮较量，最强势的一只雌鸳鸯最后控制整个巢进行孵化。不过树洞本身空间狭小，像这样超过正常窝卵数的'堆巢'一般都有两三层卵。这样上下多层的卵，就好像一座小塔，以一只雌鸳鸯的能力只能孵化表面一层的卵，下面的那些卵根本不可能成功孵化。正常情况下，一窝鸳鸯卵的成功孵化率在90%以上，而'堆巢'卵的成功孵化率不足50%。所以'堆巢'的出现使得鸳鸯的孵化率大大降低，也影响了鸳鸯种群数量的正常增长。"

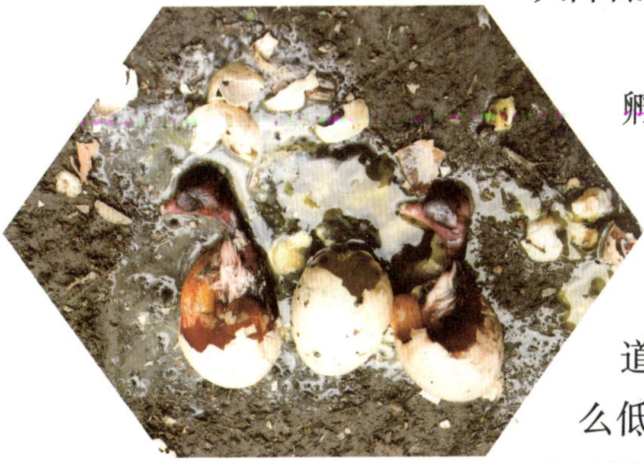

"那么多鸳鸯卵，最后只有不到一半能孵出来，其他的小鸳鸯都还来不及出生就死掉了，真是太可怜了！"辛梓惋惜地说。

吴秀山思考了一会儿，对赵老师说道："赵老师，如果'堆巢'的孵化率这么低，我想是不是可以考虑把这窝卵取出来人工孵化，等到鸳鸯长大后再放飞回自然。这样一来可以提高'堆巢'的成功孵化率，二来我们也可以给这些人工繁育的鸳鸯进行环志后再放飞。有了环志也便于我们日后观察这些放飞鸳鸯的行踪。您觉得这样可行吗？"

听了吴秀山的话，赵老师点点头说："嗯，这个主意很好。我们确实需要一些环志的鸳鸯来帮助我们描述它们的生活轨迹。不过又要麻烦秀山你来和园里协调人工孵化的事情了。"

"好的，您放心！我来协调。"说完，吴秀山就拿出手机打电话联系人工孵化的事情了。

在吴秀山打电话的时候，小李笑盈盈地赶来和大家会合了。

“告诉大家一个好消息，雌鸳鸯回来了！而且它丝毫没有受到那个新加装的温度记录仪的影响，已经顺利进洞了。我观察了半天它也没有出洞，应该如我们所料正在孵化了。”小李开心地说。

听了小李的话，大家都放下心来。赵老师说：“看来雌鸳鸯真的是很恋巢，这样的话我们继续观察一段时间，如果条件成熟就可以安装监控设备了。小崔，到时候还要辛苦你了！”

“没问题！这事儿包在我身上了！”小崔笑着说。

这时，吴秀山也打完电话了，满面笑容地对赵老师说：“园里已经同意我们将鸳鸯卵送去人工孵化了，说要全力协助我们完成鸳鸯调查课题。我们现在就可以把这窝‘堆巢’的卵取出来送去孵化室了。”

“什么？‘堆巢’？真的有这种情况啊！”小李惊讶道。

“是啊，李老师。我爸爸刚刚在上面数过了，这窝鸳鸯卵少说也有30枚，摞起来两三层高，就像小塔一样！”吴忧兴奋地说。

“哈哈，那岂不真的就是‘蛋塔’了嘛！”小李笑着说。

听小李把“堆巢”戏称为“蛋塔”，大家都被逗得哄堂大笑起来。吴秀山拍拍小李的肩膀说道：“我们已经决定把这窝卵取出来人工孵化了，一会儿还要麻烦李老师把这座‘蛋塔’平安护送到孵化室啦！”

“我祖上那可是鼎鼎大名的托塔李天王，护送‘蛋塔’对我来说就是小事一桩啊！”小李调皮地说着，小队员们已经笑得前仰后合了。

“那就有劳小李天王啦！”赵老师也笑得合不拢嘴。

取蛋的任务仍由吴秀山完成，借助升降箱他再次靠近了“堆巢”。看着吴秀山将洞中的卵一枚枚取出，小队员们的心情既兴奋又紧张。当吴秀山乘着升降箱再次回到地面时，手中已经捧了满满一箱的鸳鸯卵。

堆卵卵数远远超过正常窝卵数，其孵化率大大降低，为此将一部分卵收集起来进行人工孵化，可以为鸳鸯保护和研究积累科学数据。

“一共33枚！”吴秀山说着，将沉甸甸的一箱鸳鸯卵交到小李手中。

“哇，这么多啊！能让我们看看吗？”庄壮壮一脸渴望地看着小李。

“当然可以啦！”小李笑着蹲下身子，将箱子轻轻地放在地上，小队员们立刻围了上来。

“这就是鸳鸯的卵啊！”“你看它们白白的、小小的，真可爱啊！”“轻点摸啊，这里面可都是小鸳鸯！”看着这箱鸳鸯卵，小队员们一个个露出了幸福的微笑。

“李老师，您一会儿可要慢慢地走啊，小心别碰坏这些蛋宝宝！”辛梓细心地嘱咐着小李。

“放心吧，我一定把它们安全送达！”说完，小李小心翼翼地抱起箱子向园外孵化室走去。

望着小李老师远去的背影，小队员们有些依依不舍。

“好啦，小队员们！还有几个树洞需要检查，我们继续行动吧！”吴秀山笑着说。

“好！”一呼百应，小队员们马上振奋精神投入到了新的搜巢行动中。

经过一个上午的努力，鸳鸯调查组又陆续检查了5处树洞。在其中的2个树洞中发现有鸳鸯卵，一窝7枚卵，一窝8枚卵。由于“堆巢”中鸳鸯卵已经送去人工孵化，调查组将现有鸳鸯卵的这三处巢洞分别编号为一号巢洞、二号巢洞和三号巢洞。鸳鸯调查组这一次的巢洞检查行动收获颇丰，这让第一次参与集体活动的小队员们格外欣喜。工作接近尾声，赵老师召集了小组成员商讨下一阶段鸳鸯调查的工作安排。

赵老师笑着对大家说：“今天的调查工作

很成功，大家们都辛苦了。我们今天一共确定了四处鸳鸯的巢洞，尤其还找到了一处‘堆巢’。这些发现对我们鸳鸯调查的进一步开展很有帮助，接下来我们要继续鸳鸯的繁殖期行为观察。确定的这三处巢洞中，一号巢洞的雌鸳鸯已经开始孵化，按照孵化期28天来推算，不出一个月时间，这窝小鸳鸯就该出巢了，另外两窝鸳鸯出巢的时间可能会稍晚一到两周。在鸳鸯出巢之前的这段时间，我们要继续每天早晚的鸳鸯行为观察，重点关注这三处鸳鸯巢洞的同时，也留意观察一下未配对鸳鸯群体的动向。而且人工孵化这一块也需要多加关注，所以我想大家最好能够分工协作完成接下来的调查工作。”

“赵老师，鸳鸯卵人工孵化的事情我来盯着，这一两天卵就能入机器孵化了，我每天可以去孵化室观察记录胚胎发育情况。”小李说。

“那好，人工孵化这一块就交给小李老师负责了。”赵老师点头说道。

“赵老师，我来负责早晚时间段鸳鸯孵化行为的观察吧。一号巢已经确定鸳鸯进入孵化期了，这几天我尝试在巢周围安装监控设备，如果雌鸳鸯能够接受，我们就可以多一些鸳鸯孵化行为的影像记录了。”小崔也说道。

“赵老师，我们也可以早起观察鸳鸯！”吴忧抢着说道。

“没错，我们都愿意早上来看鸳鸯！”小队员们异口同声地说。

见小队员们这么踊跃，小崔笑着说：“太好啦，那咱们正好可以合作！早晨你们负责盯一号巢，我来观察二、三号。”

赵老师笑着说：“那么就由小队员们负责早间一号巢的观察，秀山就辛苦你继续带队。”

“好哎，好哎！”小队员们开心地叫道。

“没问题，赵老师。早晨我带小队员观察一号巢，白天和傍晚时间段我也可以协助小崔做记录。”吴秀山应道。

“我也能和小崔一起做行为观察！”小李说。

赵老师笑着点点头说：“大家安排得都很好，我们就按照各自的计划协调好工作。今天的工作到此结束，辛苦大家啦！”

搜巢行动圆满结束。回家的路上，小队员们意犹未尽地畅聊着这次非凡的经历，迫不及待地想亲眼见证小鸳鸯出巢的精彩一刻。鸳鸯的传奇生活像一颗充满魅力的瑰宝，等待着小队员们揭开它神秘的面纱。

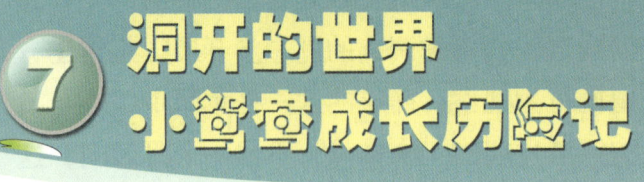

7 洞开的世界 小鸳鸯成长历险记

周一清早，在吴秀山的带领下，小队员们照例来到了动物园观察鸳鸯。为了避免惊扰到孵化期的雌鸳鸯，小队员们守在一号巢附近一处较隐蔽的灌木丛旁，期盼着能见到雌鸳鸯出洞。

“也不知道雌鸳鸯这会儿在不在树洞里。”庄壮壮嘀咕着。

“如果它是刚出去觅食了，得一个小时后才能回来！我们上学就要迟到了！”兰兰心急地说。

吴忧笑着说：“搜巢那天咱们来得比今天晚，雌鸳鸯已经出去觅食了。今天大家可是早早到了，它应该还没出来呢。咱们许个愿，说不定雌鸳鸯就出来了！”

听吴忧这么说，辛梓真的虔诚地闭起眼睛、口中默念。无巧不成书，就在辛梓许完愿后，雌鸳鸯竟然真的从树洞里挤了出来！眼前的这一幕令小队员们兴奋不已，就连辛梓也不敢相信自己许下的愿望真的实现了！

7.1 爱相随

只见雌鸳鸯站在洞口，左顾右盼了一番却并没有飞走，而是引颈昂头“嗤啊、嗤啊”地叫了几声。

“爸爸，雌鸳鸯怎么还不飞走啊？它这样叫几声是什么意思？”吴忧不解地问。

“它是在等雄鸳鸯呢！”吴秀山解释道，“它刚才的叫声就是在呼唤雄鸳鸯。”

吴秀山话音刚落，就听见不远处传来一串鸳鸯的叫声。一只雄鸳鸯华丽地飞入了大家的视野。见到前来赴会的伴侣，雌鸳鸯翅膀一挥也迎了过去。两只鸳鸯结伴向着不远处开阔的湖面飞去。

伴随着一道优美的弧线，两只鸳鸯降落在湖面上，身后溅起一串洁白的水花。小队员们紧随其后，快步跑到了湖边，继续观察这一对鸳鸯的活动。

平静的湖面上映出两只鸳鸯美丽的身影。雌鸳鸯在前不停地低头在水

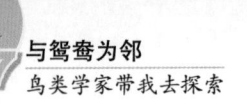

中寻找着食物，雄鸳鸯在后警惕地四下张望陪伴着雌鸳鸯。

“叔叔，怎么只看见雌鸳鸯在那儿不停地吃，雄鸳鸯却不吃也不喝呢？”庄壮壮好奇地问道。

吴秀山笑着说：“因为雄鸳鸯的责任就是保护雌鸳鸯啊！雌鸳鸯正在孵化期，每天只有早晚时分出来觅食，而且时间非常有限，它必须在最短的时间里迅速补充体力。在雌鸳鸯觅食期间，雄鸳鸯就要时刻警惕地肩负起守卫雌鸳鸯的任务，不能吃也不能喝了。”

“雄鸳鸯甘当御前护卫，雌鸳鸯的身份一定非常非常尊贵吧？”辛梓问道。

“是啊，雌鸳鸯是一位伟大的妈妈呢！”吴秀山说，“鸳鸯自然孵化的重任基本上都是由雌鸳鸯独自完成的。因为担心离开时间长，巢内卵的温度下降过低会影响到卵的发育，雌鸳鸯每次出洞仅仅活动大约1小时就会匆匆返回巢中继续孵化。雌鸳鸯母性很强，极恋巢，尤其到了孵化期的最后一两天，它几乎昼夜不离开巢洞。”

“雌鸳鸯每天觅食的时间这么短，要是找不到那么多吃的可怎么办啊！”兰兰担忧地问道。

“所以鸳鸯在选巢址的时候就一定要考察好周围的环境啊！”吴秀山说，“丰富的食物资源能够让鸳鸯在最短的时间内获取到足够的营养，这样才能保证雌鸳鸯有充足的体力应对繁重的育雏工作。”

“这么说，雌鸳鸯真的是很辛苦啊！那雄鸳鸯会一直这样保护它吗？”辛梓接着问道。

“雌鸳鸯每次出来觅食时都会召唤雄鸳鸯，有时雄鸳鸯也会主动来等候雌鸳鸯出洞。但是雄鸳鸯不会一直在巢边守候，因为雄鸳鸯羽色非常耀眼，如果雄鸳鸯长时间守候在巢洞附近，很容易引起天敌的注意，暴露了巢址。这样反而对雌鸳鸯和小鸳鸯不利。”

“那雄鸳鸯平时在什么地方活动啊？它就躲在附近吗？”吴忧问。

“它们啊，会加入一个叫作‘单身俱乐部’的组织喔！”吴秀山笑着说。

“啊？‘单身俱乐部’！这是什么意思啊？”小队员们吃惊地问。

吴秀山笑了笑说道：“鸳鸯越冬期的时候会集结成一大群活动。到了繁殖期，配对的鸳鸯就会离开群体，剩下没有找到伴儿的鸳鸯会在一起活动，这一群单身鸳鸯不就像是个‘单身俱乐部’吗？”

未配对的鸳鸯们聚集在一起生活。

“哈哈，原来是这么回事儿啊！”小队员们听了一个个笑得合不拢嘴。

“什么事儿把你们逗成这样啊？”一个熟悉的声音从背后传来，原来是小崔向他们走了过来。

“崔老师，刚才爸爸说雌鸳鸯开始孵化后，雄鸳鸯就会回到没有配对的鸳鸯组成的大群里，他管这个群叫作‘单身俱乐部’！”吴忧笑着说。

“‘单身俱乐部’，比喻的太形象了。吴老师，您真是太有才了！”小崔也笑了起来。

“见笑啦！就是逗孩子们玩儿的。”吴秀山接着问道：“小崔，你是从二号、三号巢那边过来的吗？今天情况怎么样？”

“二号巢见到有雌鸳鸯进洞了，大概15分钟后又出洞离开了，估计是产了一枚卵。三号巢没见到鸳鸯进洞，不过附近水面上有一对鸳鸯在活动。”小崔答道。

“这么看来，再过一周，那两窝鸳鸯也要进入孵化期了。”吴秀山说。

“一号巢这窝鸳鸯我想试试安监控。这周观察观察雌鸳鸯的情况，让雌鸳鸯先适应一下监控装置，如果条件成熟就架上设备，这样我们就能够收集到鸳鸯孵化期间的影像资料了。”小崔说。

“是的，安装了监控设备，我们不但能采集到影像资料，还能够准确地知道小鸳鸯出雏的时间，这对于行为观察课题也十分重要呢！”吴秀山说。

“我们这次的调查不但掌握了自然状态下鸳鸯的孵化情况，还能在鸳鸯卵人工孵化方面有所突破。”小崔接着说道：“说起人工孵化，也不知道小李那边进展如何了？”

吴秀山笑着指指小崔身后说：“这才是‘说曹操，曹操到’，我们的‘托塔李天王’来了！”

小崔回过头一看，果然是小李欢快地向他们走来。

“嘿！你们这么早都到啦！”人还没走近，笑声就已经到了，“吴老师、小崔、孩子们，你们好！”小李笑着说。

“早上好啊！李老师。昨天送去的鸳鸯卵怎么样了？”吴忧按捺不住地问道。

“放心吧！我们昨天都检查过了，那33枚卵外观都很完好，没有破损的，今天就会安排消毒、测量，然后把卵放入机器孵化了。”小李笑着说。

“很好，这样我们就可以记录鸳鸯卵的发育过程，也能与鸳鸯自然孵化的情况做一个对照。”吴秀山说道。

“李老师，如果有机会，能带我们看看鸳鸯卵是怎么人工孵化的吗？”庄壮壮问道。

“当然可以啦！等到周末你们就能来看啊！”小李笑着答道。

“太好了，太好了！”小队员们欢呼着。

看着小队员们兴高采烈的样子，吴秀山他们也开心地笑了。

“好了，小队员们，上学的时间快到了，我送你们去学校吧！”吴秀山说。

“哎呀，快七点半了！真可惜，我们等不到雌鸳鸯回来了！”兰兰嘟着嘴说。

“没事的，我和小崔老师在这里守着，你们安心去上课吧！”小李笑眯眯地说。

“那就辛苦你们二位了。我们走吧，小队员们！”吴秀山笑着说。

“李老师再见！崔老师再见！”小队员们依依不舍地道别，往学校赶去。

7.2 探秘人工孵化室

周六虽然是休息日，可小队员们照例早早来到动物园集合，因为他们和小李老师约好了要去看鸳鸯卵的人工孵化。

吴秀山带着小队员们来到了一处独立的院子，一排排干净整齐的平房前是一间间铁网围住的独立兽舍，几种珍贵的鸟类正在室外的运动场上活动。这里远离热闹的园区、没有人群的打扰，鸟儿们都显得那么的悠然自得。

“这边就是人工孵化室了，我们去看看吧。”吴秀山指着左手的一排平房说。

小队员们欢快地跟了过来，还没进门，就已经听到房间里传出“哄、哄”的响声。

“你们来的好早啊，快进来吧！”小李清脆的笑声从屋内传了出来。

“李老师，早上好！”小队员们欢喜地蜂拥而入，争相和小李打着招呼。

吴秀山拍了拍吴忧的肩膀说：“小队长，我还有些事情要处理，就先走了。你们在小李老师这里多学习学习，但不要妨碍小李老师工作啊！”

“放心吧，爸爸！”吴忧开心地答道。

“吴老师，您忙您的，孩子们就交给我啦！”小李笑着说。

“那就有劳小李老师费心啦！一会儿见，小队员们！”吴秀山挥挥手离开了。

与吴秀山道过别，小队员们立刻围在了小李的身旁。只见小李正往一

枚白色的鸟卵上写字，她的面前是满满一盘同样洁白光滑的鸟卵，足有四五十枚。

“哇，好多啊！小李老师，你在这些卵上写字是什么意思啊？”兰兰好奇地问道。

小李笑着答道：“这是在做标记，标注上一些重要的信息。比如，是哪种鸟类的卵，什么时候开始进入孵化器的。这样就方便我们日后照顾管理这些鸟卵啦！”

小队员们听完，认真地点点头。吴忧指着小李面前的鸟卵问道：“小李老师，这些就是鸳鸯卵吗？”

“这是白冠长尾雉的卵，那些鸳鸯卵已经在孵化器里了。”小李笑着指了指身后的大机器。只见她身旁立着几个一人多高带玻璃门的大机器，那个哄哄的声响就是这些机器发出来的。

“嚯，这就是孵化器吗？看起来好像我妈妈烤蛋糕用的烤箱啊！”庄壮壮吃惊地说。

小李听了笑着说：“孵化器的确很像个烤箱，而且是个可以控制温度、湿度和通风的大烤箱。”

辛梓踮起脚尖趴在孵化器的玻璃窗口向内观察，蛋盘里面整齐排列着一颗颗鸟卵。“这些就是鸳鸯的卵，我看见壳上写着‘鸳鸯’呢！”辛梓兴奋地说道。

话音刚落，小队员们全都簇拥到窗口，争相看着孵化中的鸳鸯卵。

标记好最后一枚卵，小李端起盛满白冠长尾雉卵的蛋盘，放进了另外一台孵化器中，转身来到小队员身边问道：“你们想不想看看这

孵化器

些鸳鸯卵的发育情况啊？”

“想！想！”小队员们激动地说。

小李打开孵化器的箱门，小心翼翼地端出蛋盘。

“这些鸳鸯卵里面现在就是一只只小鸳鸯了吗？”兰兰问。

“现在还太早，这些鸳鸯卵刚刚孵化七天。按照胚胎发育的正常情况推测，我们只能看到一些血管，要等孵化十几天后小鸳鸯才能成形呢！”小李笑着说。

“李老师，我们怎么才能看到卵里面的情况呢？卵壳这么厚，又不能敲破它。”吴忧问。

“这个呀，也不难！只需借助一个简单的道具就可以了。”小李笑着说道。

“道具！是什么道具啊？”小队员们问道。

“走！我带你们到暗室去见识见识。”小李端着蛋盘带领小队员们走进了一个小黑屋。这间屋子很狭小，三面是墙，没有一扇窗户。房间里仅有一张桌子和一把椅子，桌子上放着一个奇怪的方形盒子，盒子顶上有一个小圆孔。小李轻轻地把蛋盘放在桌上，然后转身对小队员们说：“想不想看看这个神奇的道具啊？”

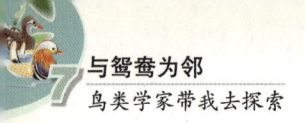

“可是这房间里空空的、又黑又小，除了桌子椅子和那个方盒子，哪儿有什么神奇的东西啊？”庄壮壮不解地说。

“李老师，您说的那个神奇道具不会就是那个盒子吧！”兰兰惊叫道。

“没错，就是它！”小李笑着说。

小队员们你看看我，我看看你，谁也不相信这么一个盒子里面能藏着什么玄机。

一盘待照光的卵

看出了小队员们满腹的疑惑，小李说道：“怎么，不相信啊？马上就让你们看看它的神奇之处。吴忧，请你帮我把门关上。”

吴忧迅速地关上门，整间屋子顿时变得漆黑一片。“啊！”胆小的辛梓在黑暗中一声轻叹，像一只怯懦的小鸟。

就在这时，“啪”的一下按动开关的声音传来，立刻有一束光亮从桌上的方盒子里蹿了出来。

“原来这盒子里藏了一个灯泡！”兰兰兴奋地叫起来。

“可是一个盒子加一个灯泡又能干什么呢？”吴忧问道，心里面更加百思不得其解了。

“别看只是盒子里藏着灯泡，它们可是超级好用的鸟卵透视仪哦！”小李一边说，一边从蛋盘里取出一只鸳鸯卵，“你们可要仔细看好啊，见证奇迹的时刻来啦！”

说罢，小李快速地把鸳鸯卵覆在了盒子正中央的圆孔上，就在卵堵上圆孔的一刹那，奇迹真的发生了！灯泡的光都投进卵内，把卵照得通体发亮，卵壳上投映出一簇簇犹如植物根系的脉络。

“哇，太神奇了！”小队员们惊叫起来。

还没等大家看仔细，小李就立即把卵取了下来。

“李老师，能再让我们看会儿吗？还没来得及看清楚呢！”庄壮壮央求道。

小李笑着说：“别急，我们换一枚再看。灯光是个热源，长时间照射温度升高过快，可能会损伤发育中的胚胎。”

听了小李的解释，小队员们都点了点头，屏住呼吸等着看下一枚鸳鸯卵。

很快的，第二枚卵也被照亮了。小李指着蛋壳上脉络一样的投影说：“你们看，这些像树根一样的就是小鸳鸯的血管。”

“哇，真的很像树根啊！”兰兰惊叹道。

取下第二枚卵，小李熟练地换上第三枚。“这枚也是一颗正常发育的卵，血管已经很明显了。”小李一边说，一边手指着蛋中央，“你们看到蛋中央有一块小小的阴影了吗？这就是小鸳鸯的胚胎。”

从巢中取出人工孵化的鸳鸯卵，借助专业检查灯可以观察到，卵内的胚胎发育情况。

“我看看！”“我也要看看！”“这就是小鸳鸯啊！太神奇啦！”小队员们高兴地惊叫起来。

“嘘！”辛梓连忙竖起食指拦在嘴前，轻声地说：“大家安静一些，不要吓到小鸳鸯啊！”

意识到自己的莽撞，三个好朋友赶紧捂住嘴巴，拼命地点头保证安静。

看到小队员们天真的举动，小李也露出了笑容。

当第四枚鸳鸯卵被照亮时，小李略带遗憾地说：“这可能是一枚无精蛋或者是死胚蛋。”

“啊？这是什么情况？”小队员们惊讶地问。

“你们发现这枚卵和前面几枚有什么不同了吗？”小李指着灯上的鸳鸯卵问。

“没有看到血管！”机灵的吴忧发现了异样。

“没错！的确没有看到血管。”小李点点头说，“正常情况下，鸟卵在孵化7天时就可以很清晰地看到血管了。而这枚卵看起来内部非常通透，没有明显的血管形成，一种可能它是未受精的无精蛋，另一种可能它是胚胎早期就停止发育的死胚蛋。”

“李老师，那这枚卵就不能孵出小鸳鸯了吧？好可惜啊！”辛梓忧伤地说。

“是啊，这枚卵是不可能孵出鸳鸯了。”小李接着说，“我们照蛋的目的就是要了解人工孵化条件下卵的发育情况，在孵化的过程中剔除掉那些无精卵和死胚卵。其实，出现无精卵和死胚卵也是很正常的情况，不是每一窝的鸟卵都能全部成功孵化出雏鸟的。第一次当妈妈的雌鸟产下无精卵的几率就很高，而且孵化的成功率也比有经验的鸟妈妈低呢！”

听了小李的解释，辛梓脸上云开雾散，微笑着说：“也许这枚卵的鸳鸯妈妈就是一位新妈妈吧！”

不一会儿工夫，33枚卵检查完毕。经过大家仔细认真筛查，一共检出了5枚未发育的卵，剩下的28枚卵被重新放回孵化器中继续人工孵化。旁边一台孵化器里放着的是刚刚做过标记的白冠长尾雉的卵。

庄壮壮好奇地对着两台孵化器左看右看了一会儿，转身问道：“李老师，这两台孵化器都还有好大的空地方，那可不可以把鸳鸯的卵和白冠长尾雉的卵放在一起孵化啊？”

小李听了笑着说：“壮壮，你的问题问得好。即使孵化器里空间够用，这两种卵也是不能放在一起孵化的。”

“这是为什么呢？”兰兰问道。

小李继续解释：“鸳鸯和白冠长尾雉虽然都是鸟类，但是属于不同的种类。白冠长尾雉属于鸡形目的雉鸡，在陆地上生活；鸳鸯则是雁形目的水鸟，大部分时间是在水中活动。它们的生活环境不一样，以至于鸟卵孵化时需要的温度和湿度也不同。除此以外，两种鸟类的孵化期也

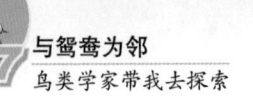

不一样。白冠长尾雉的孵化期大约24天，而鸳鸯的孵化期要长一些，28天左右。”

“原来是这样啊！那的确不能把不同种类的鸟卵放在一起孵化呢！”庄壮壮点点头说道。

“不同种类鸟卵不能一起孵化，同种的鸟类有些也是不能一起孵化的。”小李补充道。

“啊！同一种鸟卵都不行啊？那是为什么啊！”兰兰吃惊地问。

小李笑着说：“鸟类人工孵化期分为孵化前期、中期和后期，这三个阶段也是有温湿度控制要求的。一般前期温度较高、湿度较低，到了中期就需要降低温度、提高湿度。后期雏鸟出壳阶段，又会根据不同种鸟类升高或降低湿度。所以我们一般会在一定的时间段收集同种类鸟卵再统一入孵。如果错过了收集的时间，剩下的鸟卵就需要等下一批孵化了。”

“原来鸟卵孵化还有这么多的要求啊，真不知道鸳鸯妈妈是怎么做到的！”辛梓感慨道。

“鸳鸯妈妈很厉害的，她能察觉出蛋宝宝每一点微妙的变化，知道它的蛋宝宝们什么时候需要凉快凉快，什么时候又想翻翻身。和人类的妈妈一样，鸳鸯妈妈无微不至地保护、呵护着自己的宝宝。”小李接着说：“人工孵化是人为的模拟雌鸟的孵化行为，只能在温度、湿度和翻蛋、晾蛋的频率控制上尽量接近雌鸟自然孵化，但是却无法替代鸟妈妈。在自然孵化的过程中，雏鸟在未出世时就已经开始与鸟妈妈建立联系了。尤其在孵化后期，雏鸟需要经历生命中第一次大的考验，它们要凭借自己的力量破壳而出。而这个时候鸟妈妈会发出轻柔而又急切的叫声，呼唤、鼓励它的宝宝，小宝宝也会在蛋壳中回应妈妈。雏鸟一出生就和鸟妈妈建立起了联系，能够从叫声中分辨彼此。这在它们日后的成长过程中是尤其重要的。”

“哎呀，李老师，您说的鸳鸯妈妈怎么和我妈妈一样一样的啊！她现在就经常跟肚子里的小宝宝说话、唱歌，还让我和爸爸也跟她的大肚皮说话。妈妈说这

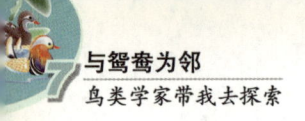

是胎教，说这样小宝宝生出来就能分辨出他的亲人。她还说我刚出生的时候哭闹，但是只要一听到她和爸爸的声音就会安静下来。”兰兰兴奋地说。

“恭喜兰兰，马上要当大姐姐了！”小李拍了拍兰兰的肩。

“恭喜、恭喜啊，兰兰姐姐！”小队员们也拍手庆贺。兰兰灿烂地笑了。

“刚刚兰兰说得没错，我们人类的婴儿在妈妈肚子里时就有了听觉。”小李接着说：“小婴儿一出生就能辨识出妈妈的声音，这和许多小动物一样，是一种自然的本能行为。”

“李老师，人工孵化的小鸳鸯没有妈妈在身边是不是很可怜啊。”辛梓有点儿忧伤地说。

“有妈妈在当然是最好的。”小李说，“鸟卵的人工孵化出雏率一般都比自然孵化的出雏率低。有时我们会在卵进入到孵化后期时，在蛋盘旁边播放雌鸟鼓励雏鸟破壳的叫声，给雏鸟增加信心。还有些鸟卵，我们会选择由义亲来进行孵化。”

“义亲？李老师，义亲是什么意思啊？”庄壮壮问道。

小李解释说：“我们常说的亲鸟就是亲生父母，义亲则可以理解为代理爸妈。决定由义亲养育时，一般我们都会选择种类相似、母性较强、有经验的雌鸟孵化。比如白冠长尾雉的卵，我们常常选乌鸡来孵化；黑颈鹤的卵，我们找有经验的丹顶鹤来孵化。不过，如果没有什么特殊情况或者要求，自然孵化才是最佳选择。”

“我明白了，自然的才是最好的。如果不是因为这些鸳鸯卵是堆巢，那就应该让鸳鸯妈妈自己来孵化它的宝宝，对吗？”吴忧朗朗地说道。

小李点点头说：“是的，母爱是无可替代的。就像我们的妈妈一样，她们不仅给了我们生命，还呵护养育我们长大成人。所以说，世间万物中最伟大的就是母亲了！”

“哈哈，说得没错，母爱最伟大！”门外传来了一阵熟悉的笑声，原来是吴秀山回来了。

“呦，吴老师您忙完工作啦！”小李笑着打招呼。

“是啊，我担心孩子们在这里耽误你工作，手头的事儿一忙完就赶回来接他们，还没进门就听见你们都聊起亲情了。”吴秀山笑着说。

“爸爸，李老师刚刚给我们讲了好多关于鸟类孵化的事情，人工孵化虽然能够代替帮助鸟妈妈孵化出小鸟，但是却无法取代鸟妈妈。自然的才是最好的。”吴忧说道。

吴秀山点点头，欣慰地对小队员们说：“看来你们今天不但了解了很多鸟类的知识，也懂得了很多人生的道理啊！你们看，现在时间也不早了，咱们就不要打扰小李老师工作了，好吗？”

“好吧，李老师，那我们先走啦，下次再来看小鸳鸯。”小队员们依依不舍地和小李道别。

回家的路上，吴秀山问小队员们：“怎么样，今天上午的收获很大吧？”

“是啊，我等不及想要看到小鸳鸯出生了！”吴忧兴奋地说。

“我也好想看看刚出壳的小鸳鸯是什么样子的。”壮壮说。

吴秀山笑了笑说：“那我要告诉你们一个好消息，下周末我们要再去一次怀柔，看看那里野生鸳鸯的繁殖情况。而且赵老师还有小崔老师、小李老师也一起去！”

“啊！太好了，太好了！”小队员们高兴地手舞足蹈。

“按往年的规律看，野外的鸳鸯会比城市里的鸳鸯出雏早一两周。也许我们这一次去怀柔野外考察就能见到新出生的小鸳鸯了。”吴秀山说。

“真的吗！我们能见到小鸳鸯啦！”兰兰开心地跳起来。

“小鸳鸯的样子，有没有也像鸳鸯爸爸那么美的呢？”辛梓激动地说。

吴秀山笑着说：“幸运的话我们就能见到小鸳鸯。这周我们还要坚持观察园里鸳鸯的孵化情况，尤其是小崔老师放置了监控设备的一号巢洞。每年一进入5月份，小鸳鸯们就会陆续出生了。”

小队员们点点头，异口同声地说：“我们保证完成任务！”

7.3 野外追踪

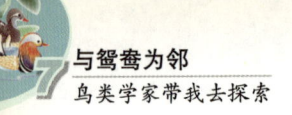

新的一周开始了。每天清晨，鸳鸯别动队都准时出发，观察记录动物园里鸳鸯的动态。一号巢的监控设备清晰地记录了雌鸳鸯的孵化行为。雌鸳鸯一天里只在清晨和傍晚两个时段出洞觅食，其余的20多个小时都在孵化。通过观察雌鸳鸯进出巢的频率推测，二号巢和三号巢的雌鸳鸯也已经进入了孵化期。进入五月，北京动物园将迎来小鸳鸯陆续诞生的喜悦时刻。小队员们一个个满怀期待，盼望着能早一点儿看到小鸳鸯出世，也就越发渴望着周末的怀柔野外之旅能够如愿以偿。

转眼就到了周六，与第一次去怀柔时一样，小队员们早早就到吴忧家集合了。

“呦，壮壮！这回的背包轻了好多啊，没有再装那些零食吧？”吴秀山掂了掂庄壮壮的背包笑着说。

“这次是我自己收拾的背包。我就装了必备的望远镜、鸟类图鉴、记录本、笔和水瓶！”庄壮壮说，“要是让我妈帮我收拾书包，肯定又塞一大堆吃的！”

听庄壮壮一说，大家又想起了第一次出野外时他满满的一背包零食，不禁哈哈大笑起来。

“壮壮做得很好，我们出野外需要走很多路，可能环境也会比较恶劣，所以只要带上必备的物品就可以了。如果背太多杂物，不但消耗体力，有时候还会危及我们的生命！”吴秀山说。

“背包也会危及生命？”吴忧惊讶地问。

“是的。”吴秀山解释道：“比如那次我们在云南高黎贡山做灰叶猴的野外考察项目。原始森林里植被茂密、山体陡峭，再加上道路湿滑，有一位同伴就因为背囊太重太大，不小心脚底一滑失去了平衡，掉下山谷……”

“啊！太可怕了，他摔死了吗？”兰兰尖叫道。她这一声惨叫把正在聚精会神听讲的小队员们吓得不轻。

吴秀山笑着摇摇头说：“幸亏山里的植物长得茂盛，他掉下去了四五米就被山坡上的灌木挂住了，只受了一点儿皮外伤，也算是万幸了！”

听到这里，小队员们紧张的小脸终于放松了下来。

庄壮壮拍了拍惊魂未定的小胸脯说："还好没让我妈帮我收拾背包，要不下一个掉下山的没准就是我了！"

吴秀山拍拍壮壮的肩膀，笑着对小队员们说："我们出野外不同于去郊游，必备的物品不能少带，其他的杂物尽量不要多带。明白了吗？"

"明白啦！"小队员们干脆地答道。

"好啦！再检查一下自己的背包，准备完毕我们就要出发了！"吴秀山站起身，背上了背包向门外停车场走去，小队员们也欢天喜地跟上了车。

汽车向正北开去，一路畅通，一个多小时后就载着鸳鸯别动队到达了目的地——怀柔三渡河。车刚一驶下道路，就看到不远处的空地上停着一辆汽车，车旁还有三个人在一起交谈。

"是赵老师！还有李老师和崔老师！"吴忧一眼认出了前方的三人。

"赵老师好！李老师、崔老师好！"小队员们激动地探出车窗问好。

听到了小队员们的呼唤，赵老师和小李、小崔也向他们挥手致意。

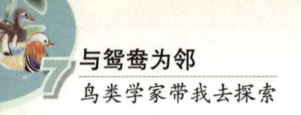

车子刚一停稳，小队员们就迫不及待地跳下车，赵老师和小李、小崔也向他们迎了过来。

“鸳鸯别动队的小队员们，你们好啊！”赵老师满面笑容地说，“小李、小崔两位老师刚刚还在夸奖你们非常勤奋好学，这几周观察工作做得很好。今天看到你们一个个精神饱满，想必也为这次野外考察做足准备啦！”

“没错，赵老师！我们攒足了力气就等着今天考察找小鸳鸯呢！”吴忧自豪地说。

“赵老师，您说我们今天能找到小鸳鸯吗？”辛梓怯怯地问道。

赵老师笑着安慰辛梓说：“很有可能。根据最近这几年我们野外观察鸳鸯的情况来看，每年五月初在怀柔地区就会有新生的小鸳鸯陆续出巢了。今天是五月九日，估计这次我们见到小鸳鸯的可能性还是很大的！”

“太好啦、太好啦！我们能见到小鸳鸯了！”小队员们开心地手舞足蹈。

看着小队员们高兴的样子，几位老师也笑了起来。

“那么我们就准备出发，开始今天的工作吧！”赵老师笑着宣布。

“好的，出发！”大家异口同声应道。

五月的北京即将告别春季进入夏季，艳阳高照的日子里气温已经逼近25℃。在大好阳光与丰沛雨水的滋润下，山林也换上了新装，从嫩绿到翠绿再过渡到碧绿，充满生机的色彩渲染了连绵的山脉。山间的河水也涨满了河床，静静地向着下游流淌。怀沙河流域农田里的玉米长高了许多，一人高的玉米把人的视线遮住，这时一定要站在高出玉米地的田埂上才能眺望到远处鸳鸯活动的水域。这给小队员们制造了一个大大的麻烦。

“哎呀，这么多玉米挡着，我们很难发现鸳鸯的踪迹啊！”庄壮壮一边抱怨，一边把挡在眼前的玉米叶子拨弄得哗哗作响。

啪的一声，吴忧打掉庄壮壮扒拉叶子的手，严肃地说：“你小声点儿吧，不等你看见小鸳鸯，小鸳鸯就被这讨厌的噪音吓跑了！”

手上吃了一痛，庄壮壮赶忙抽手不敢出声了。

赵老师见了，笑着说：“庄稼长起来了，的确对我们的观察不太有利。不过，对于生性谨慎的野生鸳鸯和刚出生的小鸳鸯来说，这些浓绿深密的玉米地为它们提供了天然的遮蔽，使它们可以平安地度过漫长炎热的夏季。”

听了赵老师的话，庄壮壮不好意思地挠挠头，为刚才莽撞的行为感到抱歉。

一行人继续向前走着，初夏的骄阳将山间清新的空气烘得暖意融融。已然枝繁叶茂的树林筛过千万缕金色的阳光，照在嫩绿的草地上。去年的落叶已化成丰富的腐殖质，滋养出郁郁葱葱的植物覆盖了大地。

“赵老师，我始终在想一个问题。”吴忧轻声地问：“您说小鸳鸯出巢的时候要从高高的树洞里跳出来，它们就不会受伤吗？”

“对、对，我也不太敢相信小鸳鸯是自己从树上跳下来的，真的不需要鸳鸯妈妈帮助它们吗？”庄壮壮也赶忙追问。

赵老师笑了笑说：“小队员们，你们感受一下我们脚下踩着的地面，有没有觉得很松软？”

小队员们纷纷跺了跺脚，齐声说道：“真的很软！”

“那你们想象一下，小鸳鸯跳下来的时候这样松软的草地可以起到什么作用？”赵老师接着问道。

“像消防员救援时用的充气垫！”机灵的吴忧第一个答道。

“像弹簧床垫！”兰兰也抢着答道。

赵老师笑着说道：“你们说的都很形象！大家看，草地上生长着茂密的青草，还有厚厚的落叶层，这就好比是一个天然的‘软垫子’，在小鸳鸯掉落地面时能够保护它们不会摔伤，这也是鸳鸯选择树洞做巢的一个原因。”

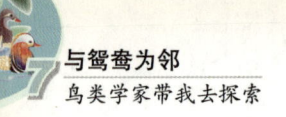

“而且你们知道吗？”赵老师接着说：“小鸳鸯可是天生就会‘轻功’的啊！”

“什么，轻功？”兰兰惊讶地问，“小鸳鸯还会武功啊？”

辛梓拉了下兰兰的胳膊说：“兰兰，小鸳鸯怎么能会武功呢！赵老师只是比喻罢了。”说完，便捂着嘴笑起来。

赵老师笑着说：“辛梓说得对，小鸳鸯会‘轻功’只是一种比喻。刚刚出壳的小鸳鸯体重仅有37克左右，这个重量只有初生卵重的四分之三。而且身上蓬松的绒毛让它们看起来像小毛球。小毛球在降落的时候可以增加空气的阻力，降低下落的速度。加上鸳鸯的繁殖树洞下松软的地面环境，也缓解了小鸳鸯落地的冲击力。这些条件的最终结果，就使我们有机会看到小鸳鸯出生不久就能‘飞檐走壁’的精彩一幕啦！”

听了赵老师的解释，兰兰开心地说：“噢，原来小鸳鸯的‘轻功’不是武功啊！”

吴忧笑着对庄壮壮说：“以前我说你还不相信，这回总算相信了吧！”

庄壮壮点点头说：“这回我明白为什么小鸳鸯刚刚出生就能从树洞里跳到地上了。”

赵老师接着说：“和壮壮一样，最开始很多人也不相信小鸳鸯是自己从树洞里跳出来的。古时候的人们猜想是鸳鸯妈妈背着小鸳鸯飞到地面上的，甚至有些当时的绘画作品里都记录着鸳鸯妈妈背负小鸳鸯飞行的画面。直到有人亲眼目睹了小鸳鸯出巢，才使得这一谜题得以解开。”

辛梓感慨地说：“赵老师，小鸳鸯的这个本领真是太神奇了！它们和其他的鸭子比起来太特别了。”

赵老师笑着说：“与大多数雁鸭类水鸟相比，鸳鸯走上了一条截然不同的演化道路，让它们能够适应树栖的生活。小鸳鸯安全着陆的本能是它们出巢时具备的生理条件和巢址所处生境条件综合形成的结果。当它们离开巢洞后，就会跟随妈妈以最快的速度到达临近的水上活动。雁鸭类在陆地上时步履蹒跚、行动不便，容易受到天敌的攻击，而在水中则可以行动自如，还能躲避天敌。别看小鸳鸯身材小，但是它们的爆发力惊人。一旦遇到危险，它们就会甩开双脚，飞快地踏浪而去，就好像我们电视里看到的轻功——水上飞。”

“小鸳鸯还会‘水上飞’啊！”兰兰惊讶道，“我都等不及要见识见识能力超强的小鸳鸯了！”

兰兰话音刚落，走在前面的吴秀山忽然停住了脚步，举起望远镜向着

别看小鸳鸯身材小，但它们在水中的移动速度相当快，因为它们会一门“高强的武功——水上飞”。一旦它们遇到危险，就会甩开双脚，踏浪而去。

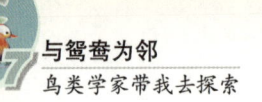

右前方观望，小李和小崔也停下一同观察着。

一定是有什么大发现了！小队员们激动地屏住了呼吸，期待着吴秀山公布答案。

果然，吴秀山转过身来微笑着对小队员们轻声说：“你们真是很幸运啊！兰兰，你的梦想成真咯！”

“小鸳鸯！”兰兰兴奋地叫起来，吓得辛梓赶忙上去捂住了她的嘴。

“小点儿声啊，不要吓跑了小鸳鸯啊！”辛梓紧张地轻声说。吴忧和庄壮壮也瞪大了眼睛，装作气鼓鼓的样子向“冒失鬼”兰兰发出了警告。

意识到自己的严重错误，兰兰不好意思地吐了吐舌头，压低了声音问：“叔叔，您发现了小鸳鸯是吗？”

吴秀山答道：“是的，你们看河那边，鸳鸯妈妈正带着小鸳鸯在芦苇丛中觅食呢！”

小队员们快步凑近，顺着吴秀山手指的方向望去，果然看见一只雌鸳鸯在前缓缓地游着，身后紧紧地跟着十几只小鸳鸯。

“这一群小鸳鸯还真不少，一共14只！”小李放下望远镜说。

“小鸳鸯毛茸茸的样子真可爱！哎呀，它们动来动去我都看不清楚了，李老师你怎么数得那么准呢！”兰兰高兴地说。

“哈哈，经常出来观鸟你就有经验了！”小李说道。

鸳鸯妈妈带着14只刚刚离巢的小鸳鸯。

“小李老师说得对，这就是熟能生巧。”赵老师笑着说，“观鸟活动很考验一个人的观察能力和分辨能力。经常观鸟能使我们大家快速地认识鸟类，了解鸟类的生活习性。掌握的鸟类知识越多，观鸟能力也就提高得越快。像吴秀山老师现在就是一位很厉害的观鸟大师了，眼力独到，而且对鸟类的辨识力也是超强的！”

“赵老师您过奖啦！您才是公认的观鸟大师呢！”吴秀山连忙说道，“小队员们要跟赵老师多多学习，要珍惜和赵老师一起观鸟的机会啊！”

“是！”小队员们干脆地回答。

“赵老师，我发现只要鸳鸯妈妈头一低伸到水里，小鸳鸯们也跟着妈妈低下头不停地啄来啄去，它们是在学习怎么找吃的吗？”吴忧问道。

赵老师点点头说：“吴忧观察得很仔细。小鸳鸯正在跟随妈妈学习觅食的本领。与雀鸟不同，鸳鸯是一种早成鸟，天生就会游泳和自行觅食。鸳鸯妈妈带领着小鸳鸯在河流中觅食，这是小鸳鸯每天的必修课——认识食物。你们看，它们频繁地在水里寻找食物，但凡看起来可以吃的东西，小鸳鸯都要用小嘴轻咬试探，然后凭借本能判断能不能吞食。跟在鸳鸯妈妈身后，除了能快速找到丰富的食物，也可以从妈妈那里学习到迅速辨认食物的本领。”

妈妈刚刚示范过水下觅食的动作，小鸳鸯就跟着扎起猛子了。

“真的哎，小鸳鸯就这样不停地吃吃吃的，好像挖掘机一样，比我还能吃！”庄壮壮笑眯眯地说着，也把大家逗乐了。

赵老师接着说道：“这几只小鸳鸯看个头大概刚刚出巢没两天。在离巢后的一周里，鸳鸯妈妈会引导小鸳鸯寻找富含蛋白质的水生昆虫和动物为食，为成长储备充分的物质基础。两三周以后才会进食像果实、种子这样的植物性食物。这段时期，小鸳鸯长得很快，第一周后身材就有出生时的两倍大了。等到一个月时，小鸳鸯的身长就快追上妈妈了，毛茸茸的小毛球也变成羽翼丰满的小鸳鸯了。”

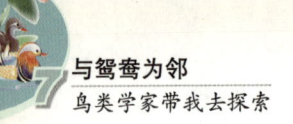

“小鸳鸯一个月的时间变化那么大，长得可真快啊！难怪它们这么能吃！”兰兰笑着说道。

“赵老师，您快看！小鸳鸯怎么不见了，刚才还看见它们在水里游泳呢！”辛梓忧心忡忡地说。

赵老师举起望远镜仔细观察，笑着说：“它们从芦苇丛那里上岸了，你仔细看，鸳鸯妈妈正在芦苇丛边掩护它们呢！”

经赵老师指点，大家果然发现了潜伏在芦苇丛旁的鸳鸯一家。在鸳鸯妈妈的掩护下，小鸳鸯一个接一个地向着岸上的安全地带撤退。

“赵老师，鸳鸯发现我们了吧？它们怎么走掉了呢？”吴忧问道。

“有可能是鸳鸯妈妈带着小鸳鸯躲避危险逃走了。”赵老师说，“也有可能是要给小鸳鸯抱暖了！”

“‘抱暖’？是什么意思啊？”庄壮壮好奇地问。

赵老师解释道：“‘抱暖’的意思就是鸳鸯妈妈给小鸳鸯取暖。刚刚出生的小鸳鸯身上只有绒毛，体内的脂肪层也很薄，自己保暖的能力很差。如果小鸳鸯在水里待得太久，会造成体温过低甚至危及生命，所以每天在水中觅食一小段时间后，鸳鸯妈妈就会将小鸳鸯带上岸为它们抱暖。在干燥的草丛中，鸳鸯妈妈会撑起双翅让小鸳鸯躲在它的腹部和翅膀下，用自己的体温把这些湿漉漉的小毛球烘干。在鸳鸯妈妈的呵护下，小鸳鸯能够安心地休息，快速地恢复体力。”

“鸳鸯妈妈可真辛苦啊，又要教会小鸳鸯觅食的本领，又要保护它们，还要为它们取暖，真是太伟大了！”吴忧感叹道。

赵老师点点头说：“是啊，鸳鸯妈妈的育雏工作是很艰巨的。野外的生存环境很严酷，处处充满了危险。虽然鸳鸯是一种高产的鸟类，一只雌鸳鸯一次可以孵出十来只小鸳鸯，但是这些小鸳鸯的成活率却是很低的。能够顺利长大的小鸳鸯通常不超过半数，有时候仅能成活一两只甚至全部夭折了。所以在野外环境生存的鸳鸯就会格外警觉，只要鸳鸯妈妈传达出危险的信号，小鸳鸯会立刻噤声围聚到鸳鸯妈妈身旁一动不动。借助周围环境的隐蔽和身上羽毛的保护色，小鸳鸯们才有机会躲避天敌的捕食。”

赵老师接着说道：“我们刚才看到的那一窝小鸳鸯可能才出生一两天。对小鸳鸯来说，生命的前一两周是最危险、最难度过的。如果能够平安度过第一周，小鸳鸯算是度过了成长过程中最危险的阶段，基本上它们就能顺利长大了。”

小鸳鸯的羽毛大部分还是绒毛，缺少油性，容易吸附水。夜间温度降低，湿漉漉的羽毛会带走小鸳鸯大量的体温，这对它们来说是很危险的。为了避免体温过低造成的伤害，鸳鸯妈妈要用自己的体温将小鸳鸯的羽毛烘干。

在小鸳鸯年纪尚小时，鸳鸯妈妈每天的保暖至关重要。

野外环境中的鸳鸯的警觉性是与生俱来的。当母亲传达出危险的信号，小鸳鸯立即噤声，并迅速围聚在母亲身旁，一动不动。

听了赵老师的话，辛梓悠悠地说："原来小鸳鸯想要长大那么不容易，真希望它们都能健康地活下去啊！"

"是啊，我也好希望能有更多的小鸳鸯顺利长大，不要有那么多磨难才好！"兰兰说。

看着眼前这两个多愁善感的小女孩，赵老师微笑着说："虽然小鸳鸯在成长过程中会经历各种各样的考验，但每年都有更多的小鸳鸯顺利长大。从我们这几年野外观察的数据统计来看，每一年进入繁殖期的鸳鸯数量都是呈增长趋势的，幼鸟的数量也一年比一年多。北京正逐渐成为鸳鸯重要的繁殖地区，只要适宜鸳鸯生活的栖息地不被破坏，北京鸳鸯的种群数量将持续不断地壮大。"

赵老师的一番话像一缕阳光驱走了小队员们心中的忧伤，几个好朋友脸上又绽出了灿烂的笑容。

"那我们一定要保护好环境，保护好鸳鸯的家园，这样就能帮助更多的小鸳鸯健康成长啦！"吴忧说。

“对，我们要保护鸳鸯的家！”小队员们坚定地说。

看着小队员们充满信心的模样，几位老师都欣慰地笑了。在吴秀山的带领下，一行人继续顺流而上寻找着鸳鸯的踪迹。

一天的野外考察很快就结束了，除了早上发现的那一队鸳鸯母子，小队员们又遇见了8只成双成对活动的鸳鸯，但没有再看到新生的小鸳鸯。大家返回到早上的出发地，准备返回北京城区。经历一天的跋涉，几个小队员们脚步虽然疲惫，但是脸上都是兴奋的笑容。

“赵老师，我们早上见到的小鸳鸯会不会是今年出生最早的一群小鸳鸯？”吴忧开心地问道。

赵老师笑着点点头说：“很有可能。今天是5月9号，一般来说进入5月后小鸳鸯就会陆续出巢了。按照我们往年观察到的规律来看，野外环境下鸳鸯会提前大约两周时间进入繁殖季节，也就是说再过十天左右我们就能见到动物园里出生的小鸳鸯了。”

“太好啦！太好啦！”小队员们兴奋地欢呼雀跃起来。

“赵老师，我都等不及想要见到小鸳鸯出生了！”庄壮壮笑着说道。

“那一刻很值得我们大家期待。”赵老师说道：“这段时间的观察就要格外密集了，可能要辛苦秀山和小李、小崔你们几位了。”

“赵老师，您就放心吧！我们肯定能做好鸳鸯的观察记录。”小崔说。

“对，您放心，人工孵化的鸳鸯卵我来负责每日的检查。”小李也说道。

“赵老师，我们也保证完成任务！”小队员们响亮地表决心。

赵老师笑着说：“那么我们大家就共同努力，做好准备迎接小鸳鸯的到来吧！”

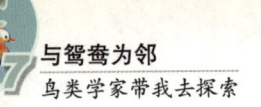

“好！”小队员们坚定的回答声回响在山谷中，为鸳鸯别动队的第二次野外考察画上了圆满的句号。

7.4 Jump！开启生命的新篇章

自打在怀柔第一次亲眼目睹小鸳鸯，小队员们就变得格外兴奋。在吴秀山的带领下，小队员们每天早早就来到动物园看一号巢的监控，迫不及待地盼着这窝小鸳鸯早早降生。小李和小崔也按照计划，在特定的时间段里观察记录动物园里野生鸳鸯的情况。此时人工孵化器里的鸳鸯卵也在悄悄地发生着变化，一个个小生命正快速地长大，等待着破壳而出的时刻。

时针在大家的期盼中飞速旋转，每过一天，小队员们紧张的心情就增加了一成。终于，在时针绕了24圈、日历翻了12页的周四晚上，小崔的一个电话宣布了众人期盼已久的奇妙时刻真的到来了。

当时，吴忧一家正在吃饭，忽然电话响了起来，吴秀山起身去接电话。正当吴忧津津有味地吃着饭菜时，客厅里就传来了爸爸爽朗的笑声，只听吴秀山对着电话那端说道：“那太好了，这下孩子们该高兴了！辛苦你了，小崔！”

挂上电话，吴秀山重新坐回饭桌前。还没等他端起碗筷，吴忧就迫不及待地问：“爸爸，崔老师说了什么事儿啊？是不是小鸳鸯出生了啊！”

吴秀山笑着答道：“你先好好吃饭，吃完告诉你！”

“肯定是小鸳鸯出生啦！万岁！”机灵的吴忧一下子就从爸爸的表情里看出了答案，开心地跳起来冲向客厅。

“饭还没吃完呢，你干吗去啊？”吴秀山对着像兔子一样跳走的吴忧喊道。

“我要告诉壮壮他们！”客厅里传来了吴忧欣喜若狂的回答。

吴忧的电话就像一束小火苗，不到一顿饭的工夫，就在庄壮壮、兰兰、辛梓家里引燃了三个重磅炸弹。小鸳鸯出生的消息，几乎让5月21日的夜晚成为小队员

们的不眠之夜。吴忧躺在床上辗转反侧，曾经的他一觉睡到天明，就怨太阳升起得早，现在却怎么也睡不着了，反反复复地直到午夜时分才睡熟。

第二天清晨，小队员们不约而同地提早集合。一想到马上能够见到盼了那么久的小鸳鸯，每一个人都加快了步伐向着一号巢前进。

“崔老师好！”小队员们欣喜地向守在一号巢树下的小崔问好。

“哎呦！你们来得可真早啊！”正在观察监控设备的小崔连忙打招呼，“吴老师早上好！小队员们早上好！”

吴秀山拍拍小崔的肩膀说：“辛苦了，小崔！”

“崔老师，您来得也好早啊！是不是也和我们一样着急要看小鸳鸯啊！”兰兰笑嘻嘻地问。

“我觉得崔老师昨天晚上就待在这里了，你们看，睡袋和地垫还在呢！崔老师，您一整晚都在观察小鸳鸯吗？”观察力敏锐的吴忧问道。

小崔笑着说：“是啊，昨天我发现雌鸳鸯一整天没有出洞觅食，而且从监控中看到它的行为有些异样，显得有点儿紧张，还时不时轻轻地叫几声，这些都很像是小鸳鸯要出生的迹象。所以昨天下班我就特意留下来继续观察，果然晚上7点多时就看到一只小鸳鸯从雌鸳鸯身下钻了出来。”

“哇，太棒了！”兰兰开心地问：“崔老师，小鸳鸯都出生了吗？现

在巢箱中安装好摄像头，在树下接上线缆，以摄像机作为监控器，可以随时采录巢中鸳鸯的各种行为。这样的监控设备是固定的，不能移动。

用平板电脑做监视器，与摄像头一起安装在长杆上，可以随时检查任一巢箱中的情况。但是不方便采录信息。

在能让我们看看小鸳鸯吗？”

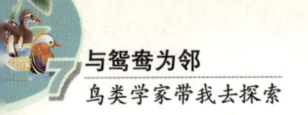

“当然可以啦！”小崔招呼着小队员们一起聚到监控屏幕前，一边指示一边说，“屏幕中间是雌鸳鸯，从昨天早上到现在它都没离开过，一直待在巢洞里守护着新生的小鸳鸯们。”

“崔老师，小鸳鸯都藏到哪儿去了，我怎么没看到它们啊？”吴忧好奇地问。

崔老师笑着说：“它们啊，应该都在雌鸳鸯的翅膀下面。刚孵化出来的小鸳鸯浑身湿漉漉的、体力也很虚弱，雌鸳鸯就会把它们聚集在自己的翅膀下为它们取暖，我们把雌鸳鸯的这个行为叫作‘孵雏’。”

“这听起来好像赵老师告诉我们的那个词——‘取暖’，不不，是‘抱暖’。也是鸳鸯妈妈给小鸳鸯暖身体呀！”庄壮壮说。

“嗯，壮壮说得对。‘孵雏’的行为的确很像‘抱暖’，但也不全相同。”崔老师解释道：“‘孵雏’是雌鸳鸯孵化行为的最后一个过程，孵雏的时间长达24到36小时。在雌鸳鸯孵雏期间，小鸳鸯的羽毛会变干，储存在小鸳鸯身体里卵黄囊的营养也被彻底吸收，小鸳鸯获得了充足的体力才能够顺利离巢。”

“哎，动了，动了！你们看见了吗？”辛梓激动地指着屏幕叫道。

小队员们盯紧了屏幕，把脑袋凑得更靠近了。只见屏幕上雌鸳鸯的翅膀被顶得微微地振动，好像有什么不安分的小东西在挣扎着要冲出来。一下、两下、三下，突然间一个毛绒球蹿到了鸳鸯妈妈的背上。

“小鸳鸯！”小队员们异口同声地叫道。

只见小鸳鸯晃晃悠悠地在妈妈背上走了几步，就又一头扎回到妈妈的翅膀下面去了。

在巢中安静孵雏的雌鸳鸯，画面中可以看到温度传感器的导线。

“崔老师，所有的小鸳鸯都已经出壳了吗？”吴忧问。

“现在还不确定，因为看不到还有没有未孵化的卵。按照以往的观察规律来看，新生的小鸳鸯会在几个小时内陆续孵出。现在距第一只小鸳鸯出生过去了12个小时，估计所有的小鸳鸯都出壳了。”小崔答道。

“崔老师，小鸳鸯今天会出巢吗？我们一会儿就要去上学了，看不到它们出巢了啊！”兰兰有点着急地问。

崔老师笑了笑说：“放心吧，小鸳鸯今天不会出巢的。小鸳鸯的离巢时间一般都选在中午前，具体时间和第一枚卵与最后一枚卵出雏时间有关。现在，最早孵出来的小鸳鸯可能稍有体力了，可是那些刚刚出壳的小鸳鸯还很虚弱，雌鸳鸯还需要继续孵雏，等到所有的小鸳鸯都足够强壮时才能离巢。所以，明天上午是小鸳鸯最有可能的离巢时间。”

“太好了！太好了！明天是周六，我们可以一整天来陪着小鸳鸯啦！”兰兰兴奋地说，几个小队员们也开心地笑了起来。

“好啦，小队员们！你们也该去上学了。”吴秀山说，“明天鸳鸯妈妈和小鸳鸯就要离巢了，也让它们安静地休息休息，养养精神吧！”

听了吴秀山的话，小队员们向小崔道别。虽然心中有些不舍，但一想到明天就可以与小鸳鸯正式见面了，小队员们立刻兴高采烈地向学校跑去。

周六的太阳照常从东方升起，在明朗的天空中放射出万丈光芒，给天地万物送上了温暖晴好的一天，也是充满惊喜的一天，因为今天小鸳鸯就要跟随鸳鸯妈妈离巢了。

“哎！你们看呢，有好多小鸳鸯在动啊！”“真的呀！这边有两只，那边有两只……”“不对，这边有三只、四只……哎呀，它们动来动去

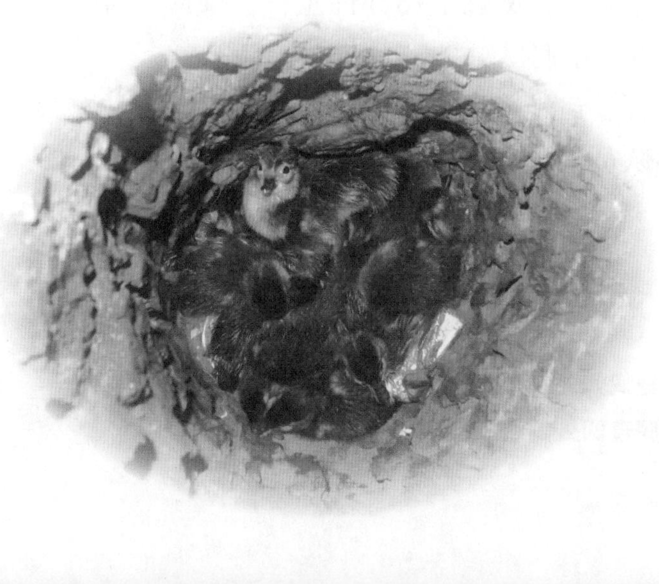

傍晚河边的一个柳树洞里，一窝刚刚孵化的小鸳鸯安静地挤成一团，此时的雌鸳鸯正在外觅食。小鸳鸯全部孵出后一般会在巢洞中度过一个晚上蓄积体力，等到第二日的清晨至中午时分，雌鸳鸯才会带小鸳鸯离巢。

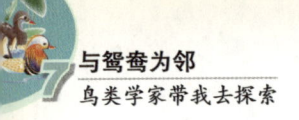

的，我数不清了！”“哈哈，这么多只小鸳鸯，它们真是太可爱了！”四个小队员围在一起，眼睛紧紧盯着屏幕，兴奋地七嘴八舌说个不停。

和昨天早上不同，小鸳鸯们开始活跃起来了。它们三三两两地在巢洞里跑跑跳跳，一会儿一头扎回到妈妈的身下，一会儿钻出来在妈妈背上蹦高。经过一个月的努力和辛苦孵化，雌鸳鸯终于迎来了自己健康活泼的鸳鸯宝宝。十几枚白花花的卵已经变成了一窝攒动的褐色绒球，小鸳鸯们跃跃欲试地想要看看外面的世界。也许是看到所有的宝宝都已经精力十足、做好了离巢的准备，鸳鸯妈妈决定带着小鸳鸯们离巢去闯荡世界了。只见雌鸳鸯一跃而起从树洞中挤了出来，它站在洞口上方警惕地探察四周是否安全。似乎还不够放心，第一次探出巢洞，雌鸳鸯没有跳，反而又退回到巢中。

“爸爸，鸳鸯妈妈怎么又回去了？有什么不对劲吗？”吴忧略显着急地问。

“是啊，叔叔，它们不打算离巢了吗？”庄壮壮也担忧地问。

兰兰和辛梓也开始担心起来，不安地望着吴秀山，等待着他给出答案。

吴秀山笑着安慰他们说：“鸳鸯妈妈只是先出来探一探情况，它要先确保周围环境很安全，不会有什么危险时才会带着小鸳鸯离开的。咱们再安静些，耐心等待一下，过一会儿鸳鸯妈妈就会再次出洞的。”

小队员们听完，长长地舒了一口气。他们紧张的心终于踏实下来，安安静静地等着雌鸳鸯再次出巢。

果然，又过了15分钟左右，雌鸳鸯再一次登上了洞口。

看到雌鸳鸯再次出巢，吴秀山轻声地对小队员们说：“看来这一次鸳鸯是真的准备

**鸳鸯妈妈站在洞口上方
警惕地探查四处是否安全。**

跳了。”

小队员们一听，立刻紧张得大气都不敢出，生怕惊吓到谨慎的雌鸳鸯，耽误了它们离巢的时机。

只见雌鸳鸯站在洞口俯瞰四周，树林深处林鸟欢快的歌声传递着安全的信息。雌鸳鸯这回总算放下心来，从高大的树木上翩然飞落，站在树下伸长脖子朝着洞口的方向轻声地发出“嗤啊、嗤啊”的呼唤。发现妈妈走了，又听到妈妈在洞外的呼唤，此时仍在巢中的小鸳鸯们开始躁动起来。从监控画面中看到，小鸳鸯们焦急地“叽、叽、叽”叫着呼唤妈妈，并且不断地朝着洞口方向上蹿下跳起来。巢洞底部距离洞口大约半米的深度，对于身材只有七八厘米的小鸳鸯来说无疑是一道很难逾越的屏障。但是在妈妈的召唤下，充满了勇气的小鸳鸯们一次又一次地跳起、跌落、再跳起，勇猛无敌地想要冲破眼前的第一道难关。

在挑战了第n+1次后，一个黄褐色的小毛球终于探出头来，这是登上洞口的第一只小鸳鸯。小鸳鸯睁着乌溜溜的大眼睛观察着四周，第一次看到外面陌生的世界，它似乎有些不知所措了，站在洞口不停叫着，犹犹豫豫不敢跳下去。鸳鸯妈妈则凝望着洞口的小鸳鸯，不断温柔地呼唤着它。

也许是妈妈的召唤给了它勇气，小鸳鸯纵身一跃，竟然真的从树上跳了下来。兰兰不由得“啊”的一声惊呼，胆小的辛梓吓得捂住了双眼，吴忧和庄壮壮也紧张得攥紧了拳头。难以置信的景象就这样发生了，小鸳鸯从四米多高的树洞跳下，跌落在树下的草丛和落叶上，又像小皮球一样弹起再落下。当小脚丫沾到地面的那一刻，小鸳鸯马上扭着屁股站起身，毫发无损的跑到了妈妈身旁。

“成功了！成功了！”兰兰开心地欢呼着。

辛梓透过指缝看到围着妈妈团团转的小鸳鸯，也露出了灿烂的笑容。

鸳鸯妈妈继续呼唤着还在巢中的小鸳鸯们，紧接着又有几只“小毛球”

雌鸳鸯飞身跳下树洞，然后它会停在树下的水面上不断地轻声呼唤洞中的宝宝。

第一只小鸳鸯勇敢地跃上洞口。

预备，跳！小鸳鸯勇敢地完成了生命中的第一跳，离开了小小的巢洞，投入了广阔的自然。

第二小队也顺利登顶，争先恐后地探出洞口。

争先恐后地弹出了洞口，四散在树下的草丛中叽叽地叫着妈妈。不一会儿就只剩下一只小鸳鸯还没跳出洞口，鸳鸯妈妈继续在树下急切地呼唤着它最后一个孩子。从监控屏幕里看到，这只小鸳鸯可能是太心急了，一直搞错了洞口的朝向，不断地向着反方向跳起来又掉下去，就是跳不出树洞。

“这只小鸳鸯怎么总是跳错方向啊，真是急死人了！”兰兰焦急地说。

“崔老师，这可怎么办啊？鸳鸯妈妈会一直等它出来吗？”吴忧也担心地问道。

小崔皱皱眉，低声地说：“照这样下去，如果小鸳鸯还是跳不出来，那雌鸳鸯就会带着其他的小鸳鸯离开了。”

“那最后这只小鸳鸯怎么办啊？它还能找到妈妈吗？它会不会死掉啊？”庄壮壮惊慌地问道。

一听到壮壮说小鸳鸯可能会死掉，辛梓伤心地快要哭出来了。

小崔叹了口气说：“没办法，这只能靠小鸳鸯自己的努力了。因为其他离巢的小鸳鸯每在陆地上多耽误一刻都会增加一分危险。雌鸳鸯为了顾全多数孩子的生命安全，也许会放弃它带着其他的小鸳鸯离开。”

吴秀山也安慰着小队员们说：“这就是自然界的生存法则，舍弃一个生命虽然听起来有些残忍，但是鸳鸯妈妈为了能让更多的小鸳鸯活下去，这个痛苦的选择是一定要做的。”

小队员们听了默默地点点头，尽管心里很难过，但还是接受了自然界中这个严酷的生存法则——放弃。

显然当下最难取舍的还是鸳鸯妈妈。眼看着离巢的孩子们全都围到了自己身旁，鸳鸯妈妈显得有些彷徨不定了。如果继续等在树下，就会给身边这些刚刚离巢的孩子增加很多危险；但是如果现在走掉了，那么剩下的这只离开妈妈的小鸳鸯就将必死无疑了。大家都替鸳鸯妈妈捏了一把汗，希望它马上下定决心带着孩子们远离陆地上的危险，但是又不忍心看着这一场生离死别就在眼前发生。

此时，树洞里的小鸳鸯可能是跳累了，跌坐在洞底不动也不叫了。鸳鸯妈妈叫了几声没有听到回应，为了顾全身边这些小鸳鸯的安危，便准备带着孩子们离开了。可是，奇迹就在即将放弃的最后一刻发生了！就在鸳鸯妈妈刚刚转身的一瞬间，洞里的小鸳鸯忽然又叫了起来。再一次听到了小鸳鸯的叫声，鸳鸯妈妈马上又返回到树下呼唤起它的孩子。这一次，妈

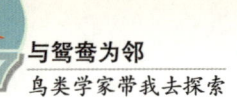

这些小勇士们顺利通过了生命中的第一道考验，未来的路途仍然充满了考验也充满着希望。

妈的呼唤重新燃起了小鸳鸯的信心，也终于搞清了洞口的方向。在铆足了劲儿的奋力一跃后，最后一只小鸳鸯终于跳上了洞口。小鸳鸯姿势优美地完成了人生的第一跳，投入了大自然的怀抱。

再次和妈妈相聚的小鸳鸯们格外地兴奋，围在妈妈身旁叫个不停。确定了孩子们都安然无恙地回到自己身边，鸳鸯妈妈便带着小鸳鸯们快步跑向附近的河流。鸳鸯妈妈在前面先跳下水，小鸳鸯们就跟着扑通、扑通地跳下去了。别看在陆地上小家伙们步履蹒跚的样子，一入水小鸳鸯们就展现出与生俱来的奇技——“水上飞”，急冲起来可以在水面上奔跑。鸳鸯妈妈在前，12只像毛绒球似的小鸳鸯在后，不一会儿就游出了大家的视线，消失在远处河岸边的水草深处。

见证了奇迹的小队员们惊呆了。小鸳鸯纵情的一跳引燃了大家心中欢腾的礼花，赶走了愁云惨雾，绽放出流光溢彩。他们相信，那一刻一定是

在北京动物园检查天然树洞时幸遇这窝准备离巢的鸳鸯。这个天然树洞洞口很浅，雌鸳鸯发现我们后，惊恐地缩进洞的深处，而未见过世面的小家伙们则显得不那么慌张，目光淡定地观察着我们。图中的前景里有残存的白色蛋壳。

鸳鸯妈妈伟大的母爱感动了天地，给了小鸳鸯最后一次机会，才让它在关键的时刻以一个完全正确的方式重新回到了母亲身旁。

“它们总算是团聚了，崔老师，小鸳鸯们这下安全了吧？”望着小鸳鸯们远去的背影，兰兰开心地问道。

小崔微笑着说：“园里出生的小鸳鸯的确要比在野外的小鸳鸯少一些危险，但是仍然有许多天敌。比如夜鹭、海鸥、乌鸦、野猫，这些动物都会捕食小鸳鸯。所以雌鸳鸯和小鸳鸯还是要处处小心，只要稍不留意就会有生命危险。”

“小鸳鸯要长大可真是不容易，它们得经历那么多的磨难和考验啊！”吴忧感慨地说。

“希望它们能经受住考验，平平安安长大。”辛梓闭上眼睛，默默地在心中为小鸳鸯许下愿望。

鸳鸯妈妈就是小鸳鸯生命中的保护神。

7.5 成长的喜悦与烦恼

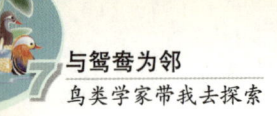

随后的几天里，鸳鸯别动队每天早上的行为观察又多了一项任务——寻找小鸳鸯。由于刚刚离巢的小鸳鸯年纪尚小，没有太多的精力，鸳鸯妈妈带着它们每天只在一个相对固定的小环境里活动。刚出洞的小鸳鸯并不具备躲避人类的意识，它们表现得很大胆，有时候反而会游到小队员们面前，很好奇地研究它们面前的人类。当恰巧遇到有游客投喂水中的锦鲤时，小鸳鸯们更是勇猛地冲上前，从比自己体积大10多倍的鲤鱼口中夺食。面对这些年幼鲁莽的小家伙，鸳鸯妈妈有时候虽然会无奈地妥协，任由它们抢食人类投来的食物，但是不会让小鸳鸯们逗留太长时间。一旦有一点不安定的情况出现，鸳鸯妈妈就会迅速带着小鸳鸯游开隐蔽起来。

这一天的清晨，小队员们照例来到了动物园寻找小鸳鸯，很快他们就在河对岸的灌木丛下找到了雌鸳鸯，它正安静地给小鸳鸯们抱暖。

小队员们也开心地席地而坐，一边观察着对面鸳鸯一家，一边央求着吴秀山讲一讲人工孵化鸳鸯卵的近况。因为小李昨天告诉了小队员们一个激动人心的消息——人工孵化的小鸳鸯这两天就要出壳了。

“叔叔，李老师怎么知道小鸳鸯要出壳了？是用那个照卵的灯看出来的吗？”庄壮壮好奇地问。

“不仅要通过照蛋来判断卵的发育情况。”吴秀山说，“还要考虑孵化时间。按照鸳鸯28天的孵化期来推算，明后天是小鸳鸯最有可能的出壳之日哦！”

“哇！太棒了，那我们能去看刚出生的小鸳鸯吗？”兰兰高兴地问。

“最好不要去。因为刚出生的小鸳鸯体质还很虚弱，自身免疫力很低。”吴秀山说，“像小李老师他们这些工作人员，每天都要严格消毒后才能进入到那些饲养新生小雏的环境中。如果我们前去看它们，也许会携带进外界环境中的致病因素，一旦某只体弱的小鸳鸯染上了疾病，就要危及全群雏鸟的生命。所以我们要多等几天，等它们平安度过前两周后……哎呀，不好！”

小队员们正认真地听着吴秀山讲话，突然就被他莫名的一跃而起给惊

出生在动物园内的小鸳鸯胆子大，遇到有游客喂食表现得格外兴奋，甚至敢和比自己身材大数倍的锦鲤抢食。在小鸳鸯陆续出巢的那段日子里，鱼口夺食的精彩镜头每天都会上演。

在城市园林中，贪吃的小鸳鸯对人类食品表现出极大的兴趣，但是过多的食用这些高糖高热量的食物会对小鸳鸯的健康造成危害。请大家在公园里见到它们时，千万不要随意投食哦！

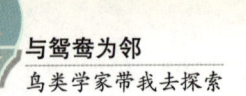

住了。只见他举起望远镜紧张地观察着河对岸的情况，说出了令小队员们惊愕的两个字："黄鼬！"

"黄鼬？什么是黄鼬？"庄壮壮惊慌地问。

"就是黄鼠狼，那个爱偷鸡的家伙！"吴忧恨恨地说。

"黄鼠狼？它在哪儿，它是不是要吃小鸳鸯啊！"兰兰也紧张了起来。

突然，辛梓大声地喊道："在那儿！它已经蹿到树后面了！"

此时，机警的鸳鸯妈妈也发现了逼近的黄鼬，立刻跳起来。她挥舞双翅，同时发出尖利的咆哮声，阻挡了黄鼬追赶小鸳鸯的去路。小鸳鸯们也反应神速，四散开来，飞快地逃向了水中。狡猾的黄鼬仍不放弃，伺机寻找着落在后面的小鸳鸯。勇敢的鸳鸯妈妈不畏危险，拼尽全力和黄鼬周旋。几个回合下来，无机可乘的黄鼬灰溜溜地跑了。精疲力竭的鸳鸯妈妈赶快返回水中，呼唤着逃散的小鸳鸯们。听到妈妈的叫声，躲起来的小鸳鸯们一个个从四面八方聚到了鸳鸯妈妈的身旁。勇敢的鸳鸯妈妈击败了凶猛的天敌，使小鸳鸯们成功地化险为夷。

"鸳鸯妈妈太棒了！黄鼠狼被打跑了！"小队员们将热烈的欢呼声送给了得胜的鸳鸯妈妈。

"爸爸，鸳鸯妈妈平时看起来特别的柔弱，没想到它的勇气实在是大得惊人啊，连黄鼠狼都不怕！"吴忧激动地说。

"做了妈妈的动物都是非常勇敢的。"吴秀山说，"为了保护孩子，妈妈们常常能迸发出令人难以想象的勇气和力量。也只有在妈妈的贴身呵护下，这些小鸳鸯才能躲避天敌的威胁。一旦离开了妈妈的保护，小鸳鸯的最终命运就是死亡。"

黄鼬

俗名黄鼠狼。体长28～40厘米，是小型食肉动物。主要以啮齿类动物为食，偶尔也吃其他小型动物。黄鼬的皮毛适合制作水彩或油画的画笔，称为狼毫。

年纪还小的小鸳鸯似乎也已经有了想要振翅高飞的欲望。

庄壮壮担心地问："叔叔，刚刚黄鼠狼要抓小鸳鸯的时候，它们都逃跑了。您说小鸳鸯离开了妈妈会死掉，要是万一它们跑丢了找不到妈妈了，是不是真的会死啊？"

吴秀山微笑着说："小鸳鸯们一般不会跑得很远，依靠着它们母子间的叫声联系。大部分情况下，小鸳鸯还是会重新回到鸳鸯妈妈身边的。但也有些小鸳鸯会因为走失而死掉。所以，最要紧就是要跟住妈妈。"

听了吴秀山的话，小队员们点点头。

"今天大家一定很开心吧，我们的小鸳鸯又躲过了一劫。再过几天，它们就将走完生长期中最危险的一段，那么就离平安长大的那一天不远了！"吴秀山笑着说。

"没错，今天真是开心的一天！"小队员们也开怀大笑起来。

在小鸳鸯们化险为夷躲过了黄鼬偷袭的这一周，动物园里喜讯频传。先是人工孵化室的鸳鸯卵成功孵化出14只小鸳鸯，接着便是三号树洞也有10只小鸳鸯顺利离巢，还有两只在别处做巢的雌鸳鸯也孵出了自己的鸳鸯宝宝。它们成群结队地在动物园水域里活动着。新生命的加入，立刻让初夏的动物园热闹了起来。

转眼又到了周末，小队员们正在静静地观察着一号巢的鸳鸯一家。一周时间过去了，原来的12只小鸳鸯变成了现在的10只，另外两只消失不见的小鸳鸯已经凶多吉少了。虽然只有一周大，但是小鸳鸯们已经长大了很多，从"毛球"变成了体态修长的"小鸭子"模样了。相较于鸳鸯妈妈的行事谨慎，出生在动物园内的小鸳鸯胆子很大，不惧怕人类，对鸳鸯别动队的成员尤其放得开。好奇的小鸳鸯们有时候会特意游到小队员跟前，反每天早上我们都在动物园做鸳鸯观察，这些小鸳鸯已经熟悉了有人在身边的感觉。

好奇宝宝——两周大的小鸳鸯。

鸳鸯妈妈带着宝宝们在岸上休息。

快三周大的小鸳鸯样貌发生了明显的变化，身材变得修长，嘴也变长，只有头部的花纹未变。再过10天左右，它们就会褪去幼时的绒羽换上青年的成羽，样貌就和雌鸳鸯基本一样了。

过来也想研究研究人类。如此亲密的互动，总能让小队员们格外兴奋。

“爸爸，您看！小鸳鸯的翅膀上好像已经开始长羽毛了。”吴忧指着一只游到他们面前的小鸳鸯说。

吴秀山笑着说：“是啊，小鸳鸯发育得很快。它们出生的时候身上是一层蓬松的绒羽，随后才会长出和成年鸳鸯一样的正羽。它们的翅膀和尾巴上的羽毛会最先长出来，然后是身体上，最后才是头部。”

“叔叔，小鸳鸯多久能变成大鸳鸯的样子啊？”兰兰问。

“大概一个月时间，小鸳鸯的身材就和成年鸳鸯差不多了。一个半月左右，小鸳鸯就会离开妈妈独自生活。等到第二年的春天，它们就算长大了，可以参与繁殖了。”吴秀山说。

“叔叔，小鸳鸯和妈妈一起生活的时间这么短暂啊，才只有40多天！”辛梓吃惊地说。

“它们之间的母子关系是很短暂的。”吴秀山笑着说，“所以在这40多天里，小鸳鸯要很努力地向鸳鸯妈妈学习生存的本领，让自己长得更加强壮，才能够应付日后处处危机的独立生活。”

“叔叔，我发现小鸳鸯好像胆子更大了。以前它们都是一步不离地跟在鸳鸯妈妈身边。”庄壮壮说道，“现在，这两只小鸳鸯已经游得离妈妈很远了，还有那几只也都散开来活动，不再黏在妈妈身边了。”

吴秀山点点头说：“没错，随着年纪的增长，小鸳鸯和妈妈的关系也在渐渐地发生变化。长大的小鸳鸯和青春期的人类小孩一样，它们也不愿意成天围在妈妈身边了，它们也在尝试着自己去探索世界。”

“哈哈，原来小鸳鸯是在为闯荡天涯做准备呢！”庄壮壮笑着说。

“喂，你们快看，那边又来了一只鸳鸯妈妈，还带着好几只小鸳鸯呢！”吴忧兴奋地说。

果然，不远处又游来了一队鸳鸯母子。这只鸳鸯妈妈悠闲地一边游一边在水面上觅食，10只刚离巢没几天的小毛球紧紧地跟在妈妈身后有样学样，一会儿把头探入水面，一会儿又昂起头喝几口水。一号巢那只闯荡天涯的小鸳鸯发现了有客人到访，好奇地游过去想探一探来人的底细。新来的鸳鸯妈妈也看到了这只“好奇小子”，立刻抬起头警觉地盯着它，同时发出“嗤啊、嗤啊”的警告声。可涉世未深的小鸳鸯显然没有读懂这位鸳鸯妈妈叫声的含义，仍然冒冒失失地凑近了它们。这下，新来的鸳鸯妈妈被激怒了。只见她压低了头颈贴近了水面，飞速地向着“好奇小子”

冲去，张大了嘴巴随时准备狠狠地咬它一口。这下可把“好奇小子”吓坏了，撒开两腿飞也似地一路逃窜找自己的妈妈去了。见小鸳鸯逃跑了，新来的鸳鸯妈妈才停止了攻势，仰着头冲着小鸳鸯逃窜的方向警告似的鸣叫了几声。小鸳鸯灰溜溜地跑回到自己妈妈跟前，惊魂未定地缩在妈妈身旁。一号巢的鸳鸯妈妈此时也发现了进入到自己领地的这队鸳鸯母子，厉声地向闯入者发出了警告。也许是意识到自己已经闯入了别人的领地，同时自己的孩子更弱小，担心万一和一号巢的鸳鸯妈妈较量起来，自己没有太多胜算，新来的鸳鸯妈妈识趣地带着自己的宝宝调转方向游走了。

“没想到鸳鸯妈妈脾气那么大啊！不就是一只小鸳鸯吗，还是同类，至于发那么大的火吗？”兰兰惊讶地说。

“对啊，鸳鸯妈妈平时对小鸳鸯多温柔啊，又那么细心，突然见它对别人家的孩子那么凶，真是吓我一跳！”辛梓拍了拍胸脯说。

吴秀山笑了笑，说道：“这是鸳鸯妈妈护犊情深啊，它可不允许自己

铺满槐花的水面上，鸳鸯妈妈带着孩子们悠闲地游进了“花香”中。

的宝宝受到一点儿伤害。所以任何试图靠近的动物，哪怕是同类，也决不允许。这是鸳鸯妈妈保护自己孩子的一种表现啊。”

听了吴秀山的话，小队员们认真地点了点头。

经历了这惊险一幕，一号巢的小鸳鸯们又重新聚拢在妈妈身旁。现实给这些鲁莽的“半大小子”一次教训，让它们记住生活的每一步都要走得谨慎小心。成长的道路不能够一帆风顺，总会有坎坷、有磨难。在风霜雨雪的洗礼中，小鸳鸯才能学会生存，才能变得足够强壮，才能勇敢地开始自己新的生活。

小队员们最后一次看见一号巢小鸳鸯和妈妈在一起活动，是在它们出巢后的第6周。这时的小鸳鸯早已没有了刚出生时的小毛球模样，相貌发生了明显的变化。它们的喙和身体都变长了，成片的羽毛覆盖了全身，翅膀上也长出了修长的飞羽，那枚长长的白色贯眼纹是鸳鸯们典型的特征。虽然和妈妈在一起时，小鸳鸯还是显得瘦小些，但是羽翼丰满的它们已经

别看鸳鸯妈妈对待自己的宝宝既温柔又细心，要是有哪个其他家庭的小鸳鸯想靠近它的宝宝，它可就没那么好脾气了，会马上狠狠地把那个冒失的小家伙赶走。

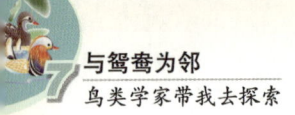

做好准备独自面对今后的生活了。

小队员们来到河岸边，小鸳鸯们看到了他们就向对岸的芦苇丛游去，远远地躲开了。

“小鸳鸯怎么和我们越来越陌生了？以前它们都会凑到我们跟前的，现在见到我们就立刻躲得远远的。”庄壮壮失落地说。

“是啊，它们现在见到人就躲，都不和鲤鱼抢游人投喂的食物了。”兰兰也说道。

吴秀山听了笑着说：“这是正常现象，也是好事情啊！”

“为什么？”小队员们吃惊地问。

鸳鸯妈妈和它即将成年的孩子在河岸边休息。

吴秀山接着说："在城市园林里出生的小鸳鸯由于经常有游人投喂，开始时比较不怕人类。但是它们毕竟是野生动物，仍然保留着野生鸟类的本性。随着小鸳鸯不断成长，它们的生活经验逐渐丰富起来，有了非常娴熟的觅食技能和躲避危险的意识，它们就会远离人类，回归它们自然的生活方式了。"

"爸爸，你的意思是小鸳鸯躲着我们就说明它们长大了，对吗？"吴忧眨着眼睛问。

"是啊。"吴秀山点了点头说，"它们马上就要独立生活了。"

40多天的朝夕相处，小队员们时时刻刻都牵挂着小鸳鸯。一想到可能马上就要分别，他们的心中还是有些不舍，一个个闷闷地低着头。

吴秀山笑着安慰道："不要这样不开心，你们应该高兴才对啊！毕竟这10只小鸳鸯都平安长大了。在野外条件下，小鸳鸯可不会有这么高的成活率。再说了，小鸳鸯虽然要离开妈妈了，还是会在附近的水域活动，说不定什么时候你们就能再见到它们了！只不过到时候你们恐怕就认不出它们了。"

"我认识，我认识，它们的样子我都记得。"庄壮壮一边说一边用手比画，"它们的身体有这么长，它们的嘴巴是这样的，它们的眼睛大大的……"

看着庄壮壮手舞足蹈的样子，大家被逗得哈哈大笑。不远处，小鸳鸯和鸳鸯妈妈正悠闲地浮在水面上，静静地享受着它们所剩不多的相聚时光。

不久后的一天，羽翼渐丰的小鸳鸯从湖水上跃起飞入蓝天，此时此刻，曾经茂密高大的树林在脚下，美丽宁静的湖水在眼前。第一次从天空中的俯瞰宣告了小鸳鸯的正式独立，今后的生活都将独自去面对了。

刚出生的鸳鸯

将满一岁的鸳鸯

半岁的鸳鸯

一周大的鸳鸯

四周大的鸳鸯

八周大的鸳鸯

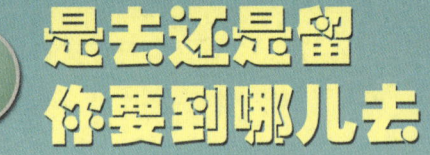

8 是去还是留 你要到哪儿去

与小鸳鸯相处的时光从5月的初夏匆匆步入了7月的盛夏，炎炎夏日里，小队员们的观察工作也显得格外辛苦。还好有茂密的枝叶在头顶撑起大伞挡住了似火的骄阳，徐徐的清风也送来了宜人的凉爽。

接连好几天早上，小队员们找遍了1号巢鸳鸯母子经常活动的地方也没有找到它们的身影，可以肯定，小鸳鸯们已经离开妈妈自己生活了。

“也不知道小鸳鸯去哪儿了，我现在有点想念它们了。”兰兰忧伤地说。

“是啊，也不知道什么时候才能再见到它们？”辛梓也低声说道。

吴秀山笑着安慰她们说：“它们应该不会飞得太远，就在这附近活动。刚刚独自生活的小鸳鸯飞行能力还不是太好，所以它们的警惕性非常高，会躲在一些不容易被天敌发现的地方活动。”

“原来小鸳鸯故意躲起来了，难怪我们找不到它们！”听了吴秀山的话，兰兰笑着说道。

对于刚刚成年的鸳鸯来说，独自生活将会面临很多危险，脱离了母亲的保护，它们选择先过一段集体生活，以降低独立生活初期的危险。

“叔叔，小鸳鸯离开妈妈独自生活是不是很危险啊！”庄壮壮问。

“没错，小鸳鸯刚开始独立生活时确实很危险。所以有时候它们也会三三两两结伴活动，有兄弟姐妹在一起照应会安全一些。”吴秀山说。

“小鸳鸯们还挺聪明的，也知道‘团结力量大’的道理。”庄壮壮笑了起来。

8.1 换羽——安能辨我是雄雌

“那它们离开了，鸳鸯妈妈会去哪儿呢？”吴忧问道。

“它们的妈妈啊，这时候会返回到那个‘单身俱乐部’的大群里和大家会合，开始为秋季的迁徙做准备了。”吴秀山答道。

“‘单身俱乐部’？对啊，那不是雄鸳鸯它们聚在一起的大群吗？现在鸳鸯妈妈也加入了。爸爸，带我们去看看它们吧。”吴忧笑嘻嘻地说。

“对啊，叔叔，它们在哪儿啊？带我们去看看‘单身俱乐部’吧！”庄壮壮也应和着。

“我们也想去！我们也想去！”两个小女生也吵着要去。

“好，好，好！我带你们去看看。不过到时候你们恐怕也分不清谁是雌鸳鸯谁是雄鸳鸯了。”吴秀山笑着说。

“啊？怎么可能呢？雄鸳鸯多有特点啊！那么漂亮的羽毛，我一眼就能认出来！”庄壮壮自信地说。

吴秀山笑着说：“先不要那么肯定哟！”

吴秀山带着小队员们来到了金丝猴馆东侧的一片水域。这里位置偏僻，人迹罕至。河水是一道天然的屏障，隔开两岸。河对岸是一处矮山坡，山坡上生长着郁郁葱葱的植被。这里的小环境很像怀柔山区的景象，自然、安静、植被丰富，非常适宜鸳鸯的生活。

“这里就是‘单身俱乐部’的大本营，鸳鸯们一般都会在这里集群活动。”吴秀山指着河对岸说。

小队员们顺着吴秀山手指的方向望去，果然在岸边发现了几只正在休息的鸳鸯。

“嘿，真的是鸳鸯！它们就在河边！”庄壮壮兴奋地说。

“山坡上的灌木丛里也有鸳鸯呢！1、2、3……”吴忧举着望远镜给对面的鸳鸯计数。

“远处河里还有鸳鸯在游呢！”兰兰也惊叫道。

“35、36、37……哇，我看到的就有不下40只鸳鸯！”吴忧兴奋地说道。

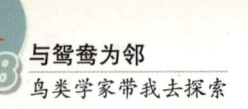

吴秀山笑着说："是啊，雄鸳鸯和当年不繁殖的雌鸳鸯都在这里集群活动，这可是一个大集体啊！"

"可是，叔叔。为什么我找来找去都只看到雌鸳鸯，并没有看到雄鸳鸯。这是怎么回事啊？"细心的辛梓发现了其中的异样。

刚刚只顾给鸳鸯计数的小队员们也赶快举起望远镜认真地观察起来，目光所及的地方真的只看到一身素色的鸳鸯，那些长着华丽羽毛的雄鸳鸯都不见了。

"咦？奇怪，果然一只雄鸳鸯也没有！叔叔，它们上哪儿去了啊？"庄壮壮也疑惑地问道。

"怎么？刚刚还那么自信，说一定能认出雌雄鸳鸯，现在就分辨不清啦？"吴秀山拍拍庄壮壮的头，笑着说道。

"啊？您的意思是这里有雄鸳鸯？怎么可能啊！"庄壮壮吃惊地说。

"是啊，爸爸，这些明明都是雌鸳鸯嘛！雄鸳鸯身上的羽毛可是五颜六色，特别漂亮的啊！"吴忧也不相信眼前会有雄鸳鸯。

吴秀山笑着说："通常情况下，我们见到的雄鸳鸯的确是一身华美的羽色，但一年中也会有一段时间很特别，它们要经历一番彻底的改头换面。"

"改头换面？爸爸，您是说雄鸳鸯会变成雌鸳鸯的样子？这是为什么呢？"吴忧问道。

"这个啊，和鸳鸯换羽有关。"吴秀山继续说道，"羽毛对于鸟类至关重要，也是鸟类特有的限定特征。鸟类的羽毛会有不可修复的缺损，会有损耗，这就需要更换掉破旧的羽毛，换上新的羽毛来保障鸟类正常的生活。所以鸟类，尤其是雁鸭类的水鸟，在一年当中会经历一个特殊的时期——换羽期。"

原来的飞羽掉了，新的还没有长起来，我飞不起来了。

"原来是雄鸳鸯换羽了才变成雌鸳鸯的样子啊！可是它们为什么不直接变成原来的样子呢？"庄壮壮问道。

"为什么不能马上变回原来的样子呢？"吴秀山反问道。"你们想想，鸳鸯在换羽的时候是要先失掉原本的羽毛，再长出新的羽毛。如果翅膀上的飞羽在换羽，鸳鸯们会怎

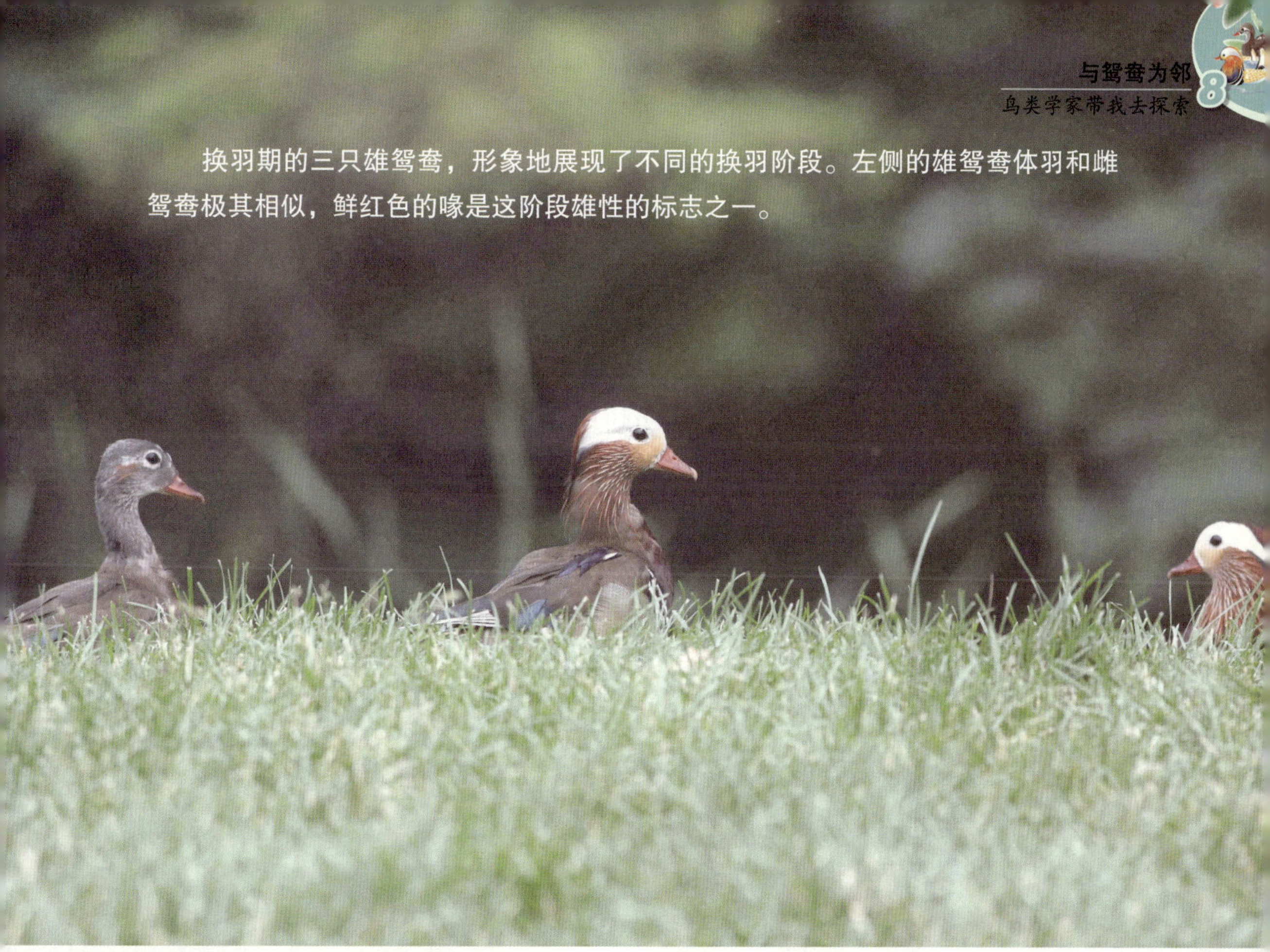

换羽期的三只雄鸳鸯，形象地展现了不同的换羽阶段。左侧的雄鸳鸯体羽和雌鸳鸯极其相似，鲜红色的喙是这阶段雄性的标志之一。

别以为这是一群雌鸳鸯，其实它们都是雄性的，鲜红色的喙透露了它们的性别。

么样？”

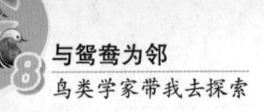

“没有了翅膀上的飞羽……那它们就飞不起来了！”机灵的吴忧一下就说出了答案。

“对，飞不起来了！”吴秀山点点头接着说，“随着羽毛的汰换，鸳鸯会暂时丧失飞行的能力。不能飞行的鸳鸯很容易遭受到天敌的迫害，所以说换羽期是鸳鸯一年中最危险的时刻。你们再想一想，为什么雄鸳鸯在换羽的时候要先变成类似雌鸳鸯的羽色，而不直接换回它的本来面貌呢？”

“我知道了！因为雄鸳鸯原来的羽毛非常鲜艳，很容易被天敌发现。”兰兰抢着说，“换羽的时候它们不能飞，遇到了危险根本没法飞走！”

吴秀山笑着说：“兰兰说得很对。在雄鸳鸯飞羽尚未完全恢复之前，为了保护自己，它们会变成雌鸳鸯的样貌，这样具有保护色的羽毛能帮助雄鸳鸯平安度过换羽这段危险期。”

“叔叔，鸳鸯从什么时候开始进入换羽期？”辛梓问道。

“一般从6月开始直到9月结束，雄鸳鸯最先进入换羽期。”吴秀山说，“通常在雌鸳鸯进入产期准备抚育小鸳鸯时，雄鸳鸯就会聚在一起开始换羽了。而雌鸳鸯则在育雏任务完成后，才会返回集体中开始换羽，所以换羽比雄鸳鸯晚。”

“这样的话，小鸳鸯们的妈妈是不是也回到这里准备换羽了？不过现在它们都长成一个样子了，连谁是雄、谁是雌都分不清了。”兰兰苦恼地说。

“的确很难分清楚，不过也不是没有办法。”吴秀山笑着说。

“啊？有办法？叔叔，说说是什么办法？”兰兰吃惊地问。

“这个嘛，就要注意它们一个明显的特征——喙的颜色。”吴秀山接着说，“雄鸳鸯的喙，也就是它的嘴一般是朱红色或发红的，而雌鸳鸯的嘴会有些暗淡发灰。你们仔细看看对岸的鸳鸯，看看它们嘴部颜色的区别，还是能分辨出雌雄的。”

听了吴秀山的话，小队员们赶紧举起望远镜认真地观察起来。

“真的是啊！你看站在石头上那几只，我以为是雌鸳鸯。它们的嘴都是红色的，原来是雄鸳鸯啊！”吴忧欣喜地说。

“是啊，那边山坡上也有好几只嘴红红的雄鸳鸯呢！哈哈！”庄壮壮也很快发现了几只潜伏在鸳鸯群里的雄鸳鸯。

“快看啊！这只也是雄鸳鸯！”“对对，那边还有一只！”两个小女生也加入到了“找不同”的游戏之中。

河对岸的鸳鸯全然不知小队员们已洞察了它们的身份，仍旧怡然自得地或闭目养神，或水中游弋，静静地度过这一雌雄难辨的归隐时期。

8.2 盛装的聚会

十月里吹来了习习秋风，送走了炎炎的夏日。北京的秋天是最美的。在这一季里，所有浓郁的颜色都竞相呈现。骤冷的气温让那些遍布北京山麓上的黄栌、银杏、火炬树等彩叶植物，一夜之间变幻出鲜艳的色彩，群山尽染杏黄和火红。而此时没有谁比鸳鸯更能感悟当季的色彩，它们把秋天穿在了身上。当最后一只雄鸳鸯也已长出了漂亮的新羽，恢复了它往日

动物园里生活的鸳鸯也在10月底开始集群了，有的家庭也在此时组建起来。

的风采时，便是最绚烂季节的到来。雄鸳鸯的喙如新染的枫叶般火红，头顶如丝绸般柔亮的羽毛由墨绿深紫递进到赭红，杏白的脸颊在橙黄似流苏的羽毛衬托下显得格外俊美，褐色的背上竖起的两枚帆羽就好像携了片嫩黄的银杏在腰间。那只相伴左右的雌鸳鸯则一身素净的灰白羽毛，仿佛秋日清晨的薄雾般柔和娴静。羽翼渐丰的小鸳鸯与长出新羽的成年鸳鸯在体形、体态上已经没有太大的差异了，但还保持着和雌鸳鸯一样的素色羽毛。

与春夏时节不同，鸳鸯不再独自生活，而是聚在了一起结成了一个大家庭。几十只鸳鸯同时拍打着翅膀，像是在纵情地舞蹈一般。舞步激起水中的涟漪一圈圈漫开，五光十色的倒影洒满了水面，泛着粼粼的波光。

小队员们已然陶醉在隔岸的这场盛大的舞会中，直站到举着望远镜的胳膊都酸了才反应过来。

吴秀山带着吴忧和庄壮壮一屁股坐在土坡上休息，兰兰和辛梓挑了块大石头坐下。

“雄鸳鸯真是太漂亮了，没有哪种鸟能比它再好看了！”吴忧感叹道。

“是啊，真的是太美了。不过相比之下，雌鸳鸯就没有那么美了。”兰兰说道。

“我觉得雌鸳鸯也很美丽，它们美得就像秋日清晨的薄雾般柔和娴静。”辛梓微笑着说。

“清晨的薄雾。辛梓，你形容得真好。”吴秀山笑着说，“雌鸳鸯就是一种静静的淡淡的美。”

“我也觉得鸳鸯好美！我都……哎呦！”庄壮壮“腾”地一下跳起来还想说点儿什么，却不想脚底一滑，整个人都扑倒在地。

吴秀山连忙扶起趴在地上的庄壮壮，小伙伴们也赶过来替他拍打满身的尘土。

一脸囧相的庄壮壮不好意思地说：“我就是想说我都不知道怎么形容鸳鸯的美了。”

吴秀山笑着说：“我们都知道啦！鸳鸯的美已经让你五体投地了！”

庄壮壮不好意思地笑着挠了挠头，小队员们已经笑得前仰后合了。

“雄鸳鸯新换了冬羽，为求偶炫耀做好准备了。”吴秀山指着不远处的鸳鸯说，“你看它们是集大群在一起活动，其实一个个小家庭已经在组

城市园林中的鸳鸯集群越冬时，雄鸳鸯就开始为争夺配偶上演求偶炫耀之战。

冬季里的鸳鸯大群，表面上看是个大集体，实际上两两的小家庭已经在悄然组建了。

建了。”

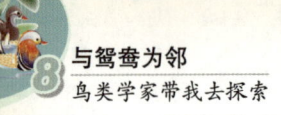

“爸爸，一般的鸟类是在春季才开始求偶的吧？为什么偏偏鸳鸯这么早就要组建家庭了呢？”吴忧好奇地问。

吴秀山笑着说：“在鸳鸯的种群结构里，雌雄比例相差很大，雄鸳鸯数量比雌鸳鸯多很多，因此，在求偶过程中雄鸳鸯的竞争相当激烈。也许是一种先下手为强的想法，雄鸳鸯们都会尽量赶在第二年繁殖季节到来之前培养感情，确定好伴侣。即便如此，等到第二年繁殖季节到来之前，仍然单身的雄鸳鸯还是会心存侥幸地企图拆散组建好家庭的鸳鸯夫妻。”

“啊，我想起来了！春天的时候咱们还看见过好几只雄鸳鸯追着一对鸳鸯跑呢！”庄壮壮一拍脑袋激动地说。

“对！而且还是雌鸳鸯先出手保卫家庭的！”吴忧也说道。

“看来你们现在对鸳鸯已经非常了解了。”吴秀山笑着说，“下周我们准备在园里放飞人工孵化的那14只鸳鸯，放飞之前我们会给鸳鸯体检和安环志。到时候你们也可以看看它们了。”

“真的吗！太好了，太好了！”听到这个消息，小队员们立刻欢呼雀跃起来。

吴秀山笑着说：“我们要赶在鸳鸯迁徙季节到来之前将它们放飞，也好让它们先适应一下群体生活。”

小队员们听了点点头，脸上的笑容像阳光一般灿烂。

不远处的水面上，雄鸳鸯英姿飒爽，雌鸳鸯柔美妩媚，一个个都为即将到来的那一场群舞的盛会做好了准备。

8.3 放飞

为了能让小队员们亲自参与鸳鸯的放飞，鸳鸯课题组特意将这件工作安排在周六上午。

一大早，吴秀山就带着小队员们来到了饲养小鸳鸯的班组。一想到马上就能见到长大的小鸳鸯了，小队员们别提多高兴了。

“呦！你们来得可真早啊！”小李的声音从背后传来。

小队员们一回头，就看见小李和小崔两个人抬着一个长方形的木箱子走了过来。

“李老师好！崔老师好！”小队员们连忙迎了上去。

“李老师，我帮您抬。”吴忧伸手接住了箱子。

“我们也来帮忙！”小队员们也跟上来，他们一人抬着箱子一角。

“还挺沉啊，这里就是小鸳鸯吧？”庄壮壮笑嘻嘻地问。

“对啊，一共14只！”小李笑着说。

“喂！壮壮，这里面装着小鸳鸯啊！你可要小心点儿，不要再像上次那样‘五体投地’啦！”吴忧搞怪地说，小队员们听了笑得前仰后合。

“呦，这有什么典故吗？我们怎么听不明白啊。”崔老师笑着问道。

快嘴的兰兰把庄壮壮看鸳鸯摔跤的事绘声绘色描述了一遍，也把小李和小崔两人逗得哈哈大笑。

“瞧你嘴快的，我那是一不小心，不小心嘛！”庄壮壮不好意思地说，“这次我保证！抬得稳稳地！哎，你们慢点儿走，轻点儿，轻点儿！”

庄壮壮压住了大家抬箱子的脚步，一步一步小心翼翼地往前移动。三个小队员们一脸无奈地随着他的步伐缓慢地挪动。眼前这一幕看得吴秀山、小李和小崔忍俊不禁。

一行人好不容易到达了操作间，小队员们轻手轻脚地把箱子放在了地上。箱子一落地，里面立刻有了动静。小队员们赶紧从木箱上的观察孔往里望去，只看见黑暗中一双双乌溜溜的大眼睛也在看着他们。

“哈！我看见小鸳鸯啦，它也在看我呢！”兰兰高兴地说。

“上次见到它们的时候它们还是蛋宝宝呢，现在都长成大鸳鸯了！”庄壮壮也兴奋地说。

“可不是嘛，时间过得真快啊！它们都已经长大了。”小崔一边说一边整理着测量工具。

“崔老师，这些就是待会儿要用到的工具吗？”吴忧问。

“是的，这些就是我们一会儿给鸳鸯体检和安环志用的工具。”小崔说，“你们看，这是用来称体重的台秤；这个是测量长度的游标卡尺和卷尺；这些是做环志用的金属环和彩色旗标；这个尖嘴钳是给鸳鸯安环志用的；小李老师那边还准备了一些采集鸳鸯血液标本和分泌物标本的材料，可以帮助我们获取到鸳鸯的血液等生化指标。”

“哇，需要这么多工具啊！崔老师，我们可以帮忙吗？”吴忧兴奋地问。

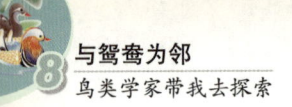

小崔笑着说："当然了！你们先看我和吴老师、李老师配合给几只鸳鸯体检和安环志，一会儿再让你们亲自来做。"

"太好了，太好了！"小队员们欢呼道。

"你们要仔细看，有不懂的地方随时可以问我们。"小崔接着对吴秀山和小李说道："吴老师、小李老师，我们准备开始吧！"

知识链接

环　志

鸟类环志是指世界上用来研究候鸟迁徙动态及其规律的一种重要手段。鸟环上面刻有环志的国家、机构、地址（信箱号）和鸟环类型、编号等。戴环后即进行鸟体测量，数据记在统一设计的专用环志卡上，然后放飞。

早期的环志使用的是雕有环号的金属脚环，固定在候鸟的足部。现在的环志不仅使用金属足环，还使用颈环、翅旗、脚旗等标志。所使用的材质也扩展到工程塑料等。澳大利亚积极推行使用颜色鲜艳便于观察的旗标配合金属环进行环志的方法，用不同颜色或颜色组合的旗标来代表特定区域，效果非常突出。有许多国家和地区已经采用这一方法。本书中的鸳鸯，所戴金属环是由位于北京的全国鸟类环志中心提供的、刻有我国通讯地址和唯一编号的特殊金属环。塑料环即旗标，方便研究人员在观鸟中快速识别环志的鸟类。旗标的信息量少，只有通过环志鸟金属环上的编码才能查到它们的历史信息。

通过回收环志鸟，可以了解候鸟迁徙的行踪、年龄以及种群数量等宝贵资料。由于最新的环志标志可以在不捕捉鸟类的条件下被识别，因而极大地提高了环志的回收率。鸟类环志在不迁徙的鸟类研究中也被普遍采用，用于在科研中区分个体，在圈养条件下避免近亲繁殖，等等。用不同的彩环可标示不同的年份。

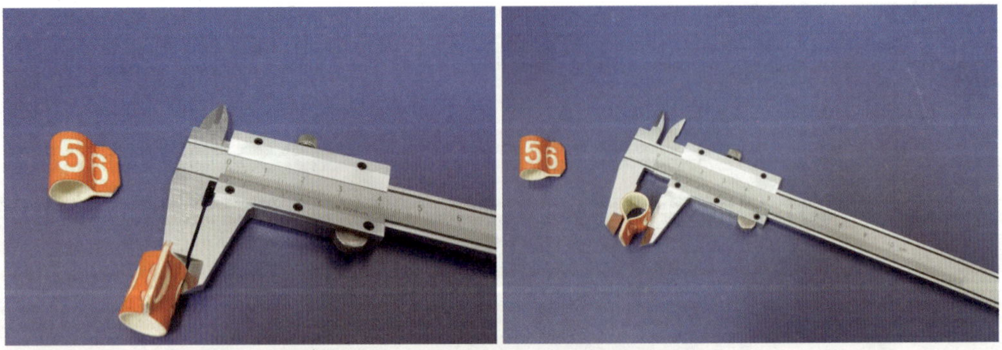

用游标卡尺测量旗标的直径和厚度。

“好的，我负责搞定鸳鸯，小李你来记录。”吴秀山说着，干净利索地从箱子里抓出了一只鸳鸯。

“小鸳鸯！”小队员们迫不及待地凑了过来，只见这只鸳鸯被吴秀山的双手牢牢缚住了翅膀和双脚，紧张地大睁着一双乌黑明亮的眼睛，身上是和雌鸳鸯相似的灰色体羽，羽毛柔顺紧致。

“叔叔，我们可以摸摸它吗？”辛梓满眼期盼地望着吴秀山。

“当然可以了！”吴秀山笑着应允道。

得到了许可，小队员们激动地伸出手轻轻抚摸着小鸳鸯的羽毛。

“这可是我第一次摸小鸳鸯啊，它们的羽毛好软，好滑啊！”兰兰陶醉地说。

“小鸳鸯可真美啊！不过它好像很紧张，眼神里面有些惊慌。”辛梓一边说一边温柔地抚摸着鸳鸯的身体。

“别担心。”吴秀山安慰辛梓说，“我们很快就会弄好，它不会感觉太痛苦。而且过一会儿我们就放飞它们，让它们获得自由！”

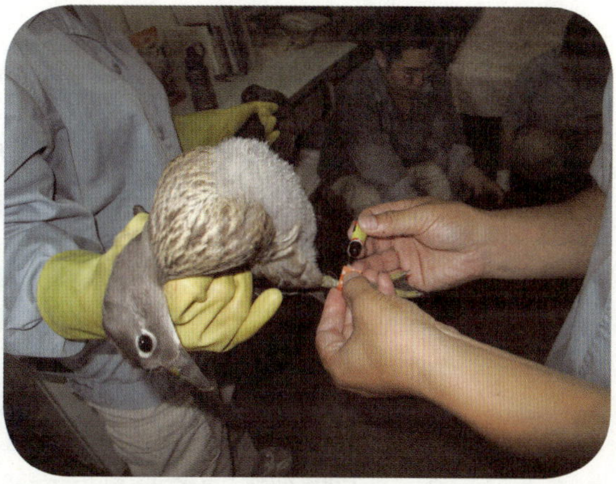
安旗标

辛梓听完微笑着点点头说：“叔叔，你们开始工作吧，我们会认真学习的！”

小崔拿起一个金属环说道：“环志就是给迁徙的候鸟戴上标记，这些当作标记的金属环都是全国鸟类环志中心提供的，每一个环上都有一个唯一的编号。这些环志的鸟类可以帮助科学家搜集研究鸟类的迁徙路线、繁殖以及分类的数据。”

“崔老师，这些环志的候鸟不是要放飞的吗？它们飞走了我们怎么能跟住它们，知道它们飞到哪里去了啊？”吴忧不解地问。

小崔笑着说：“我们确实不能跟踪它们的去处，不过世界各地有很多的鸟类环志站，我国就有100多个。如果我们在北京放飞的鸳鸯，迁徙飞到了江苏，被江苏的鸟类环志站回收到了，一查资料就会知道这只鸳鸯是在北京放飞的，从北京迁飞到了江苏。”

“崔老师，您说的回收是什么意思啊？”兰兰好奇地问。

“回收的意思就是说捕到了戴有环志的鸟类，通过环志信息我们就能

收集到很多鸟类迁徙方面的信息。”小崔解释道。

“一定要捕捉到有这些环志的鸟才能获得那些信息吗？逮鸟似乎挺难的啊！”庄壮壮问道。

小崔答道：“壮壮问得好。除了金属环，还有一种环——旗标。”小崔举起一枚橙红色的塑料环说道：“这种环颜色鲜艳，佩戴在候鸟身上很容易观察到。我们现在给鸳鸯安环志，右腿佩戴金属环，左腿佩戴旗标。”

只见小崔将一枚编好号的金属环套在了鸳鸯的右腿上，然后用尖嘴钳用力钳紧金属环的开口，再检查一下开口处有没有对齐，环的松紧度是否合适。小崔将鸳鸯腿上的金属环上上下下移动了几下，又转了几个圈。检查完毕，右脚的金属环就戴好了。

这只脚环号为55的雄鸳鸯是头一年经过人工孵化育成后放归到自然群体中的一只。到第二年的繁殖季节，它已经长成健美的成年雄鸟，并有了求偶行为。

头年放飞的人工孵化的雌鸳鸯已经在次年的夏天成家生子了。

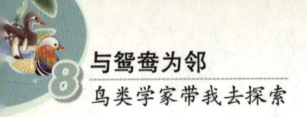

“金属环就是这样戴，要保证封口处的平整和环的松紧适度。”小崔举起一个橙色的旗标说，“接下来我们来戴旗标。”

塑料的旗标有弹性，小崔用力掰开卡口套进鸳鸯的左腿，再一松手，旗标就牢牢地戴在了鸳鸯的腿上。小崔也像检查金属环一样，检查了佩戴的旗标。

“崔老师，这样就算安完环志了吗？”吴忧问道。

“现在只是戴好了环。接下来我们还要记录鸟类的基本信息，这就是‘志’。”小崔接着说道：“我们要收集的鸟类基本信息包括鸟的体重、体长、喙长、翼长、尾长、跗跖长和中趾甲长。”

说完，在吴秀山的配合下，小崔为鸳鸯测量基本信息，小李则负责记录。

“体长386.73毫米、喙长28.37毫米、翼长186.22毫米、尾长83.01毫米、跗跖长39.22毫米、中趾甲长7.65毫米。最后是体重462.04克。好了，

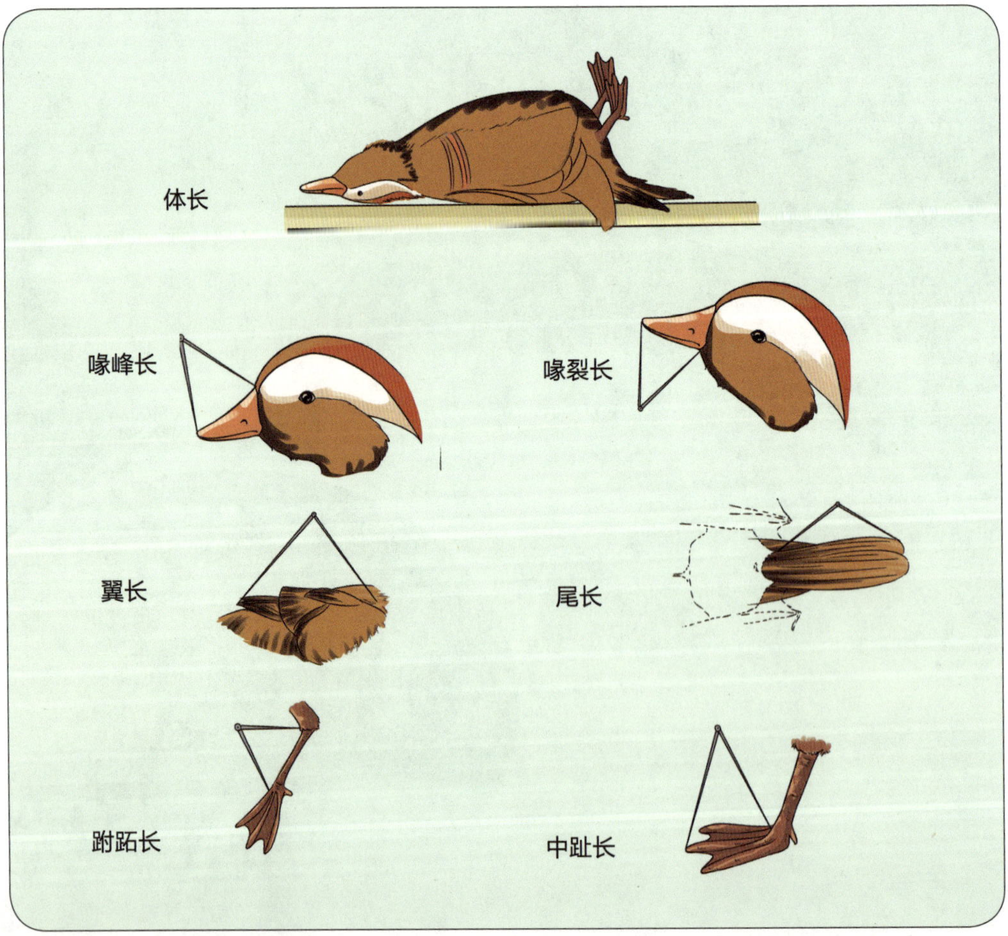

环志完成了。”小崔笑着说。

“轮到我啦！”小李赶忙放下记录本，拿起了注射器和棉球。“我来采点儿样本。”

“李老师，你是要给小鸳鸯抽血吗？”兰兰紧张地问。

“是的，我要采集一些血液样本和口腔分泌物的样本。”小李笑着说。

“李老师，是不是就像我们去医院检查身体一样，也要给小鸳鸯抽血化验？”庄壮壮问道。

“你说得太对啦，就是和咱们在医院检验的性质一样。”小李说，“通过血液化验可以得到鸳鸯的生理生化指标，这些数据的积累为我们今后的野生动物医疗和饲养工作提供了很多参考。”

吴秀山帮助小李展开鸳鸯的一侧翅膀，小李娴熟地找准血管。消毒，进针，抽血，按压止血，最后将采集到的新鲜血液保存在一个透明的小管中。随后小李又取出一根长长的棉签，伸进鸳鸯的口中旋转几下，然后保存在一支装有透明液体的小管中。

“我这边的工作也完成啦！可以继续下一只鸳鸯了。”小李笑着说。

吴秀山将做好环志的鸳鸯放进另一个空箱子中，又取出第二只鸳鸯。照例小崔先安环志，小李记录，然后小李采样，结束工作。小队员们仍然专心致志地在旁边观察学习。

不一会儿已经做了10只鸳鸯的环志和采样了，还剩下4只鸳鸯没有做。吴秀山捧着第11只鸳鸯问小队员：“你们想不想试试给鸳鸯做环志啊？”

“想啊，想啊！”小队员们兴奋地说。

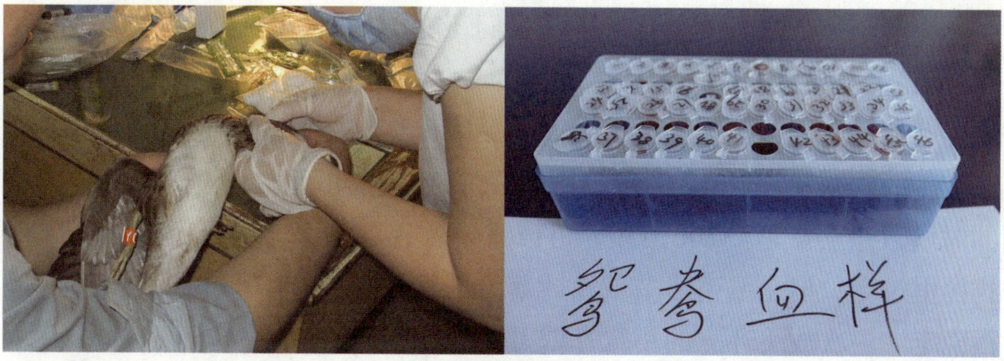

采集鸳鸯血样

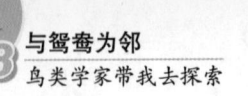

吴秀山笑着说："那好，你们一人负责环志一只，崔老师指导你们完成。谁先来啊？"

"我先！"吴忧第一个举手说道。

"好吧，那就让队长先来！"小崔说着，把一个金属环递给吴忧。

吴忧小心翼翼地接过金属环套在了鸳鸯的腿上，然后用尖嘴钳夹紧了开口。

小崔在一旁指导："夹的时候要掌握好力度。用力太过，金属环很容易卡在腿上，这样鸳鸯就无法正常活动，还会影响它腿部的血液循环；要是夹得不紧，留下缝隙，就很容易刮到异物，这样也会给鸳鸯造成危害。"

吴忧给鸳鸯戴好了金属环，又上下前后试了试松紧。小崔检查了一下，点头表示通过，接下来就是戴左腿的橙色旗标了。

塑料旗标的内径是提前做好的，只需要用力掰开再套好就完成了。吴忧干净利索地做完了，满心欢喜地抚摸着他安环志的第一只鸳鸯。随后小崔测量鸳鸯的各项身体指标，小李完成采样。

接下来是庄壮壮、兰兰，最后是辛梓，小队员们都亲身体验了为小鸳鸯安环志的工作。各项检查和采样工作完毕，14只鸳鸯等待着去园里放飞。

一辆小货车载着吴秀山、小崔、小李、小队员们和14只鸳鸯向园里开去。

"爸爸，我们一会儿去哪儿放飞小鸳鸯？"吴忧问道。

"在湿地附近。那里临近鸳鸯集群活动的水域，小鸳鸯可以很快融入到大群当中。而且湿地的植被非常茂密，适合隐蔽，也不容易被天敌捕捉。"吴秀山说道。

"叔叔，小鸳鸯要是飞走了，我们还能再看见它们吗？"兰兰有点儿难过地问。

"如果它们不迁徙的话，我们还是能见到它们的。"吴秀山说，"最近几年的观察发现，春夏两季园里的鸳鸯数量在40只左右，到了冬天越冬的时候数量会激增到200余只。可以肯定，越冬季会有大批的鸳鸯迁到动物园里过冬，但是繁殖季节就在此落户的鸳鸯有没有留下来，我们还不是很确定。这次放飞环志的小鸳鸯就可以帮助我们解开这个谜了。"

"对啊！我们只要看看越冬的鸳鸯大群里有没有环志的小鸳鸯，就能知道它们到底走没走了。哎呀，环志简直太有用了！”庄壮壮兴奋地说。

“壮壮说得很对噢！”吴秀山笑着点点头。

车停在了湿地附近，吴秀山和小崔将装着小鸳鸯的木箱抬下车，向着水边走去，小李带着小队员们紧随其后。

吴秀山选了一块略平坦的地面把木箱放下，箱门对着水面。

“我们准备放飞啦，你们还有什么话想要对小鸳鸯说吗？”吴秀山笑着对小队员们说。

“祝你们好运！”“常回来看看我们！”“照顾好自己啊！”“加油，小鸳鸯！”小队员们心里虽然有些不舍，但更希望鸳鸯们能够重新回到它们原本该有的生活中。

箱门开启的一刹那，鸳鸯们还有些不知所措，等了一会儿才反应过来自己似乎已经获得了自由。冲出了箱门的鸳鸯在空中划过一道优雅的弧线，像一片片落叶随风起舞，最后飞落在远处的水面上，溅起层层的水波。

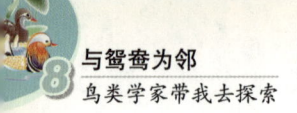

第二天早上，当小队员们再次来到鸳鸯大群活动的水域时，他们欣喜地发现，昨天放飞的小鸳鸯已经融入了集体。脚上佩戴的橙红色旗标，让身处群体当中的它们显得格外引人注意。天气渐渐转凉，提示着候鸟们迁徙季节就要来临。这个冬天鸳鸯们是前往温暖的南方，还是继续留下来，一切答案也许只有鸳鸯自己最清楚。

8.4 告别

这一天的早上，吴秀山给小队员们带来了一个消息。本周末他们会再去怀柔做一次野外观察，而这一次很有可能是今年他们与野外鸳鸯的最后一次见面了。

再一次走进怀柔九渡河，曾经的绿水青山已经改换了模样。深秋的寒风吹落了满树的黄叶，林间的河水已结了一层薄冰。昔日成双成对在此活动的鸳鸯也已不见了踪影，这让心心念念想再见到鸳鸯的小队员们有些黯然神伤。

“咱们走了这么久都没有看到鸳鸯，它们恐怕已经飞走了吧？”吴忧失望地说。

“我也觉得鸳鸯飞走了。这里原来可是它们最常活动的地方，我们前两次都在这儿遇见过鸳鸯呢！”庄壮壮遗憾地说。

听他们一说，两个小女生也觉得这一次是无缘再见到鸳鸯了。兰兰深深地叹了口气，辛梓已经难过得眼泪围着眼圈转了。

赵老师见状走到了小队员身旁，他拍了拍吴忧和庄壮壮的肩，微笑着说：“先不要太早下定论，我们还是有希望再次见到鸳鸯的。”

“真的吗？！”吴忧睁大了眼睛问道。

赵老师笑着点点头：“是的。而且这次如果我们见到鸳鸯，那可不是三三两两的几只了，而是上百只鸳鸯的大盛会呢！”

“哇塞！真的会有那么多只吗？”兰兰惊讶地问。

赵老师笑着说：“嗯，没错。至少200只！”

庄壮壮兴奋地说：“我在动物园见过鸳鸯最多的时候也就40多只，这回一下能见到那么大一群鸳鸯，这简直太棒了！”

辛梓听了轻声地问道："赵老师，您说鸳鸯也许还没有飞走。可是它们不在这里，那会在哪里呢？"

"鸳鸯会集中到一处有开阔水面的地方。"赵老师说道："现在河水已经开始上冻，周围的植被也都干枯了，鸳鸯留在这里很难找到食物，它们必须转移到还有活水、能够继续觅食的地方生活。于是，这时候还未冰封的、有鸳鸯赖以生存的食物的开阔水域，最终就会聚集一个庞大的共同生活的鸳鸯群体。"

"水面开阔，没有上冻，还有鸳鸯可以吃的食物，这个地方在哪儿呢？啊，我知道了！一定是黄花城水长城！"吴忧激动地说。

"对！正是黄花城水长城。"赵老师笑着点点头。

"哇！吴忧，你好厉害啊！"吴忧一语中的，引来了小队员们纷纷喝彩。

"根据我们近几年的野外观察判断，黄花城水长城是生活在怀柔一带的鸳鸯迁飞前最后一处落脚之地。每年的11月初，大群的鸳鸯聚集到那里做迁徙前的准备。11月底，它们就会离开，前往越冬地生活了。"赵老师接着说："现在是11月初，最近也没有极寒天气的发生，鸳鸯应该不会这么早就迁徙。而且我们刚刚也考察了鸳鸯之前经常出现的区域，并没有见到有鸳鸯活动。所以最大的可能性就是鸳鸯都聚集到了它们的最后一站——黄花城水长城。"

"赵老师，咱们现在就去水长城看鸳鸯吗？"庄壮壮迫不及待地

到了每年的11月底，北京山区的鸳鸯就开始集群准备迁徙了。这些鸳鸯是生活在怀九河水域里的鸳鸯，迁徙前夕它们不约而同地聚集到西水峪水库的水面。

问道。

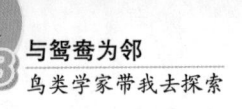

“别急，下午我们再去。”赵老师笑着说：“白天的时候鸳鸯会在小范围内分散活动，一般快到傍晚时它们就会集大群准备过夜。那时候我们观察和统计鸳鸯的数量会更容易些。”

吃过午饭稍事休息后，一行人便向黄花城水长城走去。吴秀山扛着相机走在前面，准备着随时记录下鸳鸯集群的画面。赵老师带领小队员们跟在后面，一边走一边给小队员讲鸳鸯的故事。

“近些年来，鸳鸯的分布发生了很大的变化。以北京为例，三十年前，在北京地区几乎见不到野生的鸳鸯。只有极少数的鸳鸯会在迁徙途中停在北京稍作休息，随后它们就继续前行飞往栖息地。1988年出版的《北京鸟类志》上还把鸳鸯记录为‘罕见旅鸟’。在随后的20年里，北京的鸳鸯从只有少量的繁殖和越冬记录，慢慢增长到200多只，同时也发展成两个种群。一个种群是怀柔地区的野外种群，另一个就是以动物园为代表的城市园林种群。”赵老师说道。

“您说北京地区的鸳鸯从几乎没有增长到现在的200多只，那是不是说明鸳鸯这种鸟类的数量在不断增多呢？”吴忧问道。

赵老师摇了摇头说：“虽然我们看到北京的鸳鸯数量近年来增长得很快，但是鸳鸯种群的数量和一百多年前比还是大幅减少了。我曾经看过一篇前人的文章写到，不到一百年以前，长江流域鸳鸯的数量多到可用‘触手可及’来形容。你们知道那时候的捕猎者怎么捕鸳鸯吗？”

庄壮壮想了想说：“是不是用网捕呢？”

赵老师笑着说：“不用网，徒手就可捉到鸳鸯。当时的捕猎者用头顶着一个掏了洞的葫芦做掩护潜在水中，沿着岸边的芦苇丛一边用食物引诱，一边靠近鸳鸯群。待鸳鸯趋近他们时，捕猎者只消从水下拽住鸳鸯的脚便能捕到。”

“哈哈，这太有意思了！这样都能抓到鸳鸯啊！”兰兰笑着说道。

“这可真是‘触手可及’啊！由此可见当时的鸳鸯数量可是不少呢！”辛梓微笑着说。

赵老师继续说道：“这些捕猎者把他们捕到的鸳鸯大多数卖给了驻守在长江流域的英国皇家海军炮舰上的水手，也正是由于这样的交易，中国的鸳鸯远渡重洋，在异国他乡繁衍生息，鸳鸯的分布扩散到了欧洲地区。这也是今天欧美地区鸳鸯种群的最早来源。”

“原来欧洲的鸳鸯也是‘移民’啊！”吴忧笑着说。

“是的，有很多种动物都是借助人类活动的影响扩散到了原有栖息地以外的地方。比如，中国的麋鹿到英国落地生根，南方的八哥到北方生活。有些外来物种来到没有天敌控制的新环境，由于旺盛的繁殖力和强大的竞争力，它们就会变成入侵者，排挤原来环境中的原生种，破坏当地生态平衡，甚至对人类经济造成危害性影响。这些物种既包括动物也有植物，统称为外来入侵物种。”赵老师说道。

“那鸳鸯来到北京算不算‘外来入侵物种’啊？”庄壮壮问道。

“怎么会啊！”兰兰气鼓鼓地说，“赵老师不是说了，危害本土物种、破坏生态环境的才是‘外来入侵物种’，鸳鸯又没有影响到生态环境，怎么会是‘外来入侵物种’啊！”

听了兰兰的话，庄壮壮不好意思地挠了挠头。

赵老师笑着说道：“自然界中的物种总是处在不断迁移、扩散的动态变化中。鸳鸯种群扩散到北京，是许多因素的综合影响。有可能包括气候因素、环境因素以及人为因素。但是具体因为什么，我们还不得而知，也许只有鸳鸯自己知道它们为什么要迁移到北京生活。”

说话间，小队员们已经走到了黄花城水长城景区的门口。进入大门，眼前的景象让人赞叹。虽然还是深秋时节，眼前的山水却已染上了冬天的颜色。寒风吹落了满树的黄叶，阴面的湖水已结出了一层薄冰。气温的降低向候鸟们发出了迁徙的信息，它们开始聚集在一起为南迁的征程做好准备。

“鸳鸯！你们快看，就在那边的水面上！”吴忧兴奋地说。

“这一群鸳鸯至少有80只。”赵老师一眼望去就估算出了鸳鸯的数量。

“哇！真的这么多只啊！我来数数看！”庄壮壮举起望远镜向着不远处的鸳鸯群望去。

兰兰和辛梓也赶紧举起望远镜认真地给鸳鸯计数。

深秋的水长城人迹罕至，自然的宁静又回归到这里。鸳鸯们聚集在水面上安详地游弋，在苍山绿水的映衬下，就像一串五彩斑斓的珠链点缀在山水之间。

“79、80、81、82……真的是80多只啊，哎呀！我数得眼睛都花了，赵老师您一眼就能看出来，真是太厉害了！”庄壮壮说道。

水库周围聚集的大群鸳鸯

“我数了87只。”“我数了85只。”兰兰和辛梓也数完了。

“赵老师，您为什么一眼就能看出有多少只鸳鸯啊？您有什么秘诀吗？”吴忧好奇地问。

赵老师笑了笑说：“没有什么秘诀，就是熟能生巧。你们以后观鸟的经验多了，自然也可以很快估算出这一群鸟大概的数量了。”

小队员们沿着栈道继续向水库深处走去。水面上游荡的鸳鸯仿佛注意到有人靠近，立刻警觉了起来。走在前面的吴秀山停下了脚步，回过身轻声地对小队员们说：“注意看，鸳鸯要起飞了。”说完他举起相机，做好了拍摄的准备。

小队员们也警觉了起来，目不转睛地注视着眼前的这群鸳鸯。

果然，打头的几只鸳鸯振臂一呼，纵身飞起。然后是一片叫声响起，一二十只飞起，接着五六十只飞起，最后还有动作慢的几只做收尾。一大群鸳鸯振翅高飞，惊起水花无数。虽然一群鸳鸯数量庞大，但起飞时秩序井然，没有丝毫的混乱和冲撞。它们在空中不时作出的飞行队形并不规则，但是飞行的方向大致相同。大群的鸳鸯飞舞空中，盘旋水面之上。太

阳洒下灿烂的光辉闪耀在它们狭长而有力翅膀上，像金子般耀眼。此起彼伏的振翅鼓起呼啸的风声如波涛般贯耳。

鸳鸯们飞向天空却不忍离去，盘旋了几周便降落回水面上，像一阵疾风骤雨经过，转瞬间又恢复了风平浪静。

小队员们出神地凝望着眼前精神抖擞的鸳鸯，这震撼人心的场面令他们心潮澎湃。

“你们看对岸的山坡上，那里还有许多鸳鸯呢！”吴秀山指着前方说道。

听吴秀山这么一说，小队员们才缓过神来，如梦方醒般向湖对岸望去。一只只容光焕发的鸳鸯，错落栖息在水湾处的岸边。

“真的有好多鸳鸯啊！”兰兰激动地叫道。

“是啊，这里有，那边还有呢！”庄壮壮幸福地说。

“哇，这可比水里的鸳鸯多多了！”吴忧一边说一边快速地计数。

辛梓认真地数着鸳鸯，一言不发。

“我数了201只！”吴忧迅速完成了计数。

作为水鸟的鸳鸯总能将那种天与水的震撼传递给我们。

晚秋的夕阳照在这群鸳鸯身上，留下一幅美丽画面。

“我数了204只。”辛梓也完成了任务，开心地报告答案。

赵老师笑着说：“你们现在计数的速度都很快，也很准确。这么看来，今年在这里集群的鸳鸯已经不下300只，已经超过了去年同期记录到的208只了。”

“赵老师，这群鸳鸯就要飞走了吗？”吴忧问道。

赵老师点点头说：“是的，鸳鸯们集大群活动就是在做迁飞前的准备。一旦气温再次下降，鸳鸯们就会飞向南方，飞往它们的越冬地。那里的冬天更温暖，几乎没有冰冻的水域，更利于鸳鸯的取食和栖息。”

“您是说过一段时间鸳鸯就要离开这里去南方过冬了？那它们还会回来吗？”兰兰有点儿伤心地问。

赵老师笑着说：“鸳鸯是候鸟，每年都要经历两次迁徙运动。它们在初冬踏上南迁的道路，飞往冬季的栖息地点。等到来年春暖花开的时候，相信它们中的大部分仍然会飞回北京的家。”

听了赵老师的话，小队员们会心地笑了。晚风吹皱了水面，鸳鸯们像串起的珠链随着水波上下飘荡。夕阳照在它们身上，绘出了一幅流光溢彩的画面。也许明天的此时它们就已离去，怀着对故土无限的眷恋，踏上亘古不变的生命旅程。

这一次的野外考察，小队员们记录到的野生鸳鸯数量超过300只，数量上较近几年同期课题组记录的200多只有所增加。在他们从怀柔回来的第三天，北京迎来了入冬以来的第一次降雪。一直在冰点之上徘徊的气温，一夜间陡降到了零下。吴秀山告诉小队员们，怀柔的鸳鸯应该飞走了。时隔一天，小崔从怀柔考察回来后带来了确实的消息：鸳鸯已经迁飞。想到与怀柔的鸳鸯再次相见还要等到来年的春季，小队员们的心中都有些淡淡的忧伤。但随后动物园中鸳鸯数量的变化，却令小队员们又惊又喜。因为他们发现，动物园中的鸳鸯正在不知不觉中增多。

8.5 冬聚

冬天里动物园水禽湖实在是热闹非凡，唯一的一块未冰封的水面将远近的各种鸟类都聚到了这里。大鹈鹕昂首挺胸在湖水中游弋，傲慢地驱赶着附近的雁鸭。小天鹅好像淘气的孩子一样对刚刚冻住的浮冰产生了兴趣，一步一步踩碎冰层开出一条水路。一群棕头潜鸭像小跟班一样跟随在小天鹅身后，缓缓地通过领头大哥另辟的蹊径。银鸥像训练有素的空中猎犬，总能快速而准确地接住游人抛向空中的食物，快得像一道银色的闪电划过天空。本该南迁的夜鹭也没离开老巢，蜷缩着站在枝头贪恋着衣食无忧的生活。而同样选择停留在北京越冬的还有一群鸳鸯。

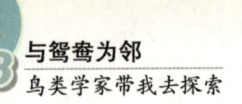

寒冷的天气并没有迫使这部分鸳鸯南下，动物园中充足的食物满足了鸳鸯们越冬的需求。它们放弃了继续南迁，留在了北京享受古都的冬天。然而留居在动物园的鸳鸯并不像其他鸟类那样大胆接近人类，相反的，它们更喜欢聚集在远离游人的水禽湖中心岛上活动。

在北京动物园越冬的鸳鸯，有时会享用这些方便易得的食物——动物饲料。

吴秀山告诉小队员们，这群在动物园越冬的鸳鸯已经形成了一个固定的野化种群。每年的繁殖季节，园里最多只有三四十只鸳鸯。一到越冬期数量就激增近5倍，达到两百余只。可是这些多出来的鸳鸯究竟来自何方？北京鸳鸯的居留状况到底该如何界定？吴秀山和赵老师也不能给出一个肯定的答案，现在有的只是几种猜测：一种可能是北京地区的鸳鸯在越冬期集合于此；另一种可能是城市园林里生长的鸳鸯种群集合；还有一种可能就是这群鸳鸯仅仅是迁徙途中路经此地的过客。要想弄清楚究竟是哪种可能，仍需要鸳鸯课题组进一步的观察和研究。

小队员们出神地望着不远处成群的鸳鸯，它们或悠闲地在水中游动，或安逸地在湖畔休憩。甜蜜的情侣偏安一隅窃窃私语，仿佛筹划着来年的生活，不安分的单身汉们围住柔美的姑娘展开了猛烈的爱情攻势。鸳鸯们就真真切切地生活在你的眼前，但你却并不知晓它们来自何方。这美丽的鸟儿像精灵一般让小队员们着迷，引领着他们在探索的路上不断地向前、向前……

这样猛烈的求偶攻势在冬天的动物园早已开始了。几只雄鸳鸯围住一只雌鸳鸯，不断地作出求偶炫耀的姿式。

寒冷的天气并没有使鸳鸯被迫南下，城市园林中充沛的食物满足了鸳鸯们越冬的需求。它们放弃了继续南迁，留在了北京，享受古都的冬天。（2009年1月26日在北京动物园记录到过冬的鸳鸯125只）

北海公园里集群越冬的鸳鸯

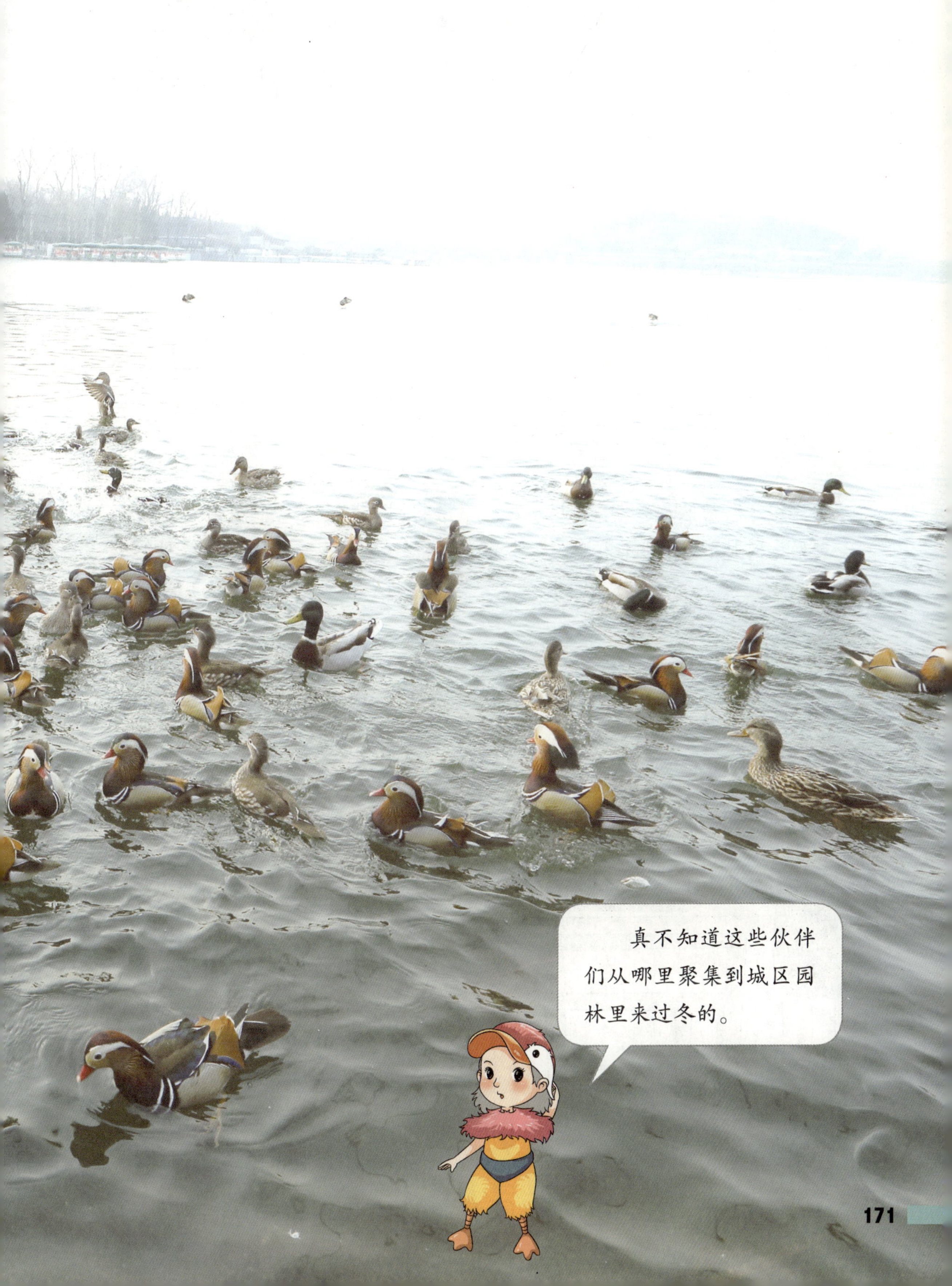
真不知道这些伙伴们从哪里聚集到城区园林里来过冬的。

9 保护鸳鸯从我做起

一年的鸳鸯调查工作即将结束，小队员们陪伴着鸳鸯从4月走到12月。在吴秀山的指导下，小队员们将240多天的鸳鸯观察记录进行了总结，并完成了一份鸳鸯调查报告。小队长吴忧代表鸳鸯别动队，将调查报告向赵老师及鸳鸯课题组的成员们进行了汇报。

鸳鸯别动队从今年4月开始对北京动物园的野生鸳鸯种群进行了连续观察，同时3次参与怀柔地区野生鸳鸯的野外考察。一直到12月，我们持续进行了9个月的观察。

我们记录到北京动物园的野生鸳鸯在4月陆续进入繁殖期，结成对的鸳鸯开始选择巢洞、产卵、孵化，在5月23日记录到第一窝12只幼鸟离巢。同期，在5月9日考察时,记录到怀柔地区一窝野生鸳鸯有14只新离巢的幼鸟，这比北京动物园的首次幼鸟记录早了两周。

北京动物园中的野生鸳鸯从7月开始陆续换羽，并出现集群现象，最多一次记录到45只。所有鸳鸯的换羽在10月底前基本完成，越冬的大群也基本固定在50只左右。怀柔地区的野生鸳鸯在10月逐渐集合成大群，为迁徙做好准备。今年怀柔地区野生鸳鸯的最后一次记录是在11月7日，数量多达300余只。11月10日，北京降雪，气温迅速降低，12日怀柔地区就不见了鸳鸯的踪迹，鸳鸯已经迁飞了。在北京动物园越冬的鸳鸯数量从11月末开始逐渐增多，近期记录的这一越冬群最多只数为212只。这几年来，北京动物园的越冬鸳鸯已经逐渐形成一个固定的种群，动物园为圈养鸟类提供的颗粒饲料和水禽湖不封冻的水面，成为鸳鸯选择在此越冬的重要因素。

我们在做鸳鸯行为观察的同时，也发现了一些影响鸳鸯生活的问题。比如，在繁殖季节，发现鸳鸯有争抢巢洞的现象，同时还有“堆巢”的情况，这说明北京动物园里适合鸳鸯营巢的树洞资源紧张。公园里为了保护树木防治病虫害，许多天然的树洞都被用水泥等材料填实封死，使得鸳鸯可供选择的巢洞更为有限，这些对树木的保护措施无形中对鸳鸯的营巢造成了影响。再者，公园的河流堤岸大多修砌成直上直下的水泥岸堤，这种看似整齐美观的硬化河岸却给鸳鸯的育雏制造了很多困难。在躲避天敌的时候，雌鸳鸯虽然能轻松跃上岸堤，但是留在水中的小鸳鸯很难攀爬上岸，极容易受到天敌的迫害。而且岸边上种植的植被品种单一、植株低矮，这样的环境也不适宜鸳鸯躲避天敌和人类的干扰。还有，鸳鸯在怀柔野外地区的生存环境也同样值得关注。人类越来越多地闯入到野生动物的栖息环境中，鸳鸯原本的栖息地被开发成人类休闲娱乐的场所，非法的捕捞使得鸳鸯赖以生存的野生鱼虾资源匮乏，偷拾鸟蛋和盗猎也对鸳鸯的繁衍造成了致命的打击。以上的种种问题都需要我们深深思考。如何给鸳鸯创造更好的生存环境，保护好身边的野生动物，是我们每一个人的任务和使命。

感谢赵老师、爸爸、崔老师和李老师这一年来给予我们的指导和帮助。在今后的时间里，我们鸳鸯别动队将继续努力，跟随鸳鸯课题组完成北京地区野生鸳鸯的调查研究。

做完报告，吴忧和小队员们向课题组的四位老师深深鞠躬以示敬意。老师们用热烈的掌声表达了对小队员们的肯定和赞许。

赵老师走到小队员们身边，微笑着对他们说：“鸳鸯别动队今年的观察工作完成得非常出色，这是你们每一个人努力的结果。科研工作需要的就是你们这样的持之以恒、勇往直前的精神。你们的观察记录做得非常详

看似整齐美观的硬化河岸却给鸳鸯育雏制造了很多麻烦。

出于对古树的保护，园林工人将树洞填充封死，但无形中妨碍了鸳鸯的择巢。

细，而且从中发现的许多问题也发人深省。我们明年的重点工作也正是围绕着解决你们发现的问题开展的：

第一件是准备在城市公园内悬挂人工巢箱，希望可以为鸳鸯繁殖提供更多选巢的机会。

第二件就是针对广大民众的科普活动，我们将有关鸳鸯的科普知识和相关的保护理念传播到各个不同层次的人群中，尤其是针对青少年的科普宣传。到时候还需要你们鸳鸯别动队做我们的宣传员，把保护野生动物的科普知识带进校园，带到同学身边啊！”

“真的吗！太好啦，太好啦！”听了赵老师的话，小队员们开心得手舞足蹈。一片欢声笑语中，小队员们仿佛看到了来年花红柳绿的春天，看到了五彩的鸳鸯们翩然而至，看到了人们与鸳鸯和谐的相处，像共处了多年的老邻居般融洽地住在故乡北京的土地上。

10 做鸳鸯的好邻居

亲爱的少年朋友们：

你们好！

我们来到这个世界，和众多的动植物朋友共同生活在地球上，是一件多么美妙的事情啊！

提起鸳鸯，几乎无人不晓。在人们心目中，鸳鸯是美好和幸福的象征。我国民间有十分喜爱鸳鸯的传统，无论是诗词、歌赋，还是绘画、雕塑以及剪纸、布艺等，都能找到鸳鸯的身影与化身。随着中华文明的发展，鸳鸯早已成为我国的文化之鸟，受到各族人民的爱戴。

从本源上看，鸳鸯更应该是自然之鸟。它来自于自然，生活在有水有林的清洁环境里，在水中游泳觅食，在空中展翅飞翔。雌雄鸳鸯有着不同的羽衣，雌鸟羽色淡雅，白色的眉纹很明亮；雄鸟羽衣华丽，头顶形成羽冠，翅膀上竖起两片像帆一样的帆状羽。当它们成双成对出现在湖面、空中时，总让人感到自然的和谐，联想到家庭的幸福美满。

值得注意的是，鸳鸯是数量稀少的濒危鸟类，已经列入我国与世界保护物种红色名录，需要人们的关怀与帮助。科学实践告诉我们，想要保护自然界中的动物，首要任务是要保护动物的自然栖息地。鸟类生态学的研究表明，鸳鸯除了需要清洁的空气、清澈的水域，还需要高大的古树，因为鸳鸯的祖先告诉它们选择树洞来完成每年的繁殖。

可喜的是，近些年来鸳鸯不只是远迁到我国长白山等自然山林去养育后代，也开始关注像北京这样的大城市，不断有成对的鸳鸯飞临紫竹院、北京动物园、圆明园、北海公园等“城市中的绿岛”寻找觅食、栖身、繁殖的地方。这一现象被科学家发现后，发动了不少志愿者展开了北京地区野生鸳鸯的招引保护工作。专家设计制作了一些鸳鸯的专用巢箱，志愿者们把它们分别悬挂在几个公园的高树上，以解决公园缺少树洞的问题。几年来，有一些鸳鸯选中了人们为其提供的巢箱，在人工巢箱中造巢、产卵、孵化，雏鸟们在鸳鸯妈妈的带领下一巢一巢地从高高的巢箱中跳出，落地后，鸳鸯妈妈整理好队伍带领小家伙们下水，开始它们的生命历程。

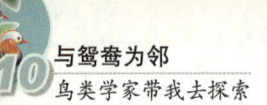

繁华的城市能有这么珍稀美丽的鸟类安家繁衍，给现代节奏下生活的人们带来了欢乐。如果人们能够运用现代文明与科学技术保护着大自然中的精灵，使美丽的鸳鸯在我们身边安详地生活，真正成为都市人们的友好邻居，这将是一件多么开心的事情啊！

有一些青少年在家长的带领下，在专家的指导中，利用周末到紫竹院和动物园观察野生鸳鸯的生活，像科学家一样坚持写观测日记，记录着看似平常但十分重要的发现，用心思索着物种保护的大课题……

天敌的侵犯是鸳鸯生存中必须面临的问题之一。在西水峪水库发现的这只雄鸳鸯遗骸，向我们讲述着一场曾经的惨烈厮杀。猛禽对于鸳鸯成鸟的威胁还是比较大的。

这就是生态文明在公众中的体现，是绿色地球的希望所在。文明的雨露不仅帮助了那些需要保护的珍稀动物，也滋养了我们及下一代的心田。

赵欣如

2016年5月23日

写于北京师范大学

紫竹院的游人与鸳鸯的距离也很近。随着科普教育的日渐完善，人们的保护意识不断提高，人与动物和谐相处的情景不再是奢望。